【新版建设工程合同示范文本系列丛书】

建设工程监理合同（示范文本）（GF—2012—0202）
与
建设工程委托监理合同（示范文本）（GF—2000—0202）
对照解读

王志毅　主　编

合同协议书与建设工程委托监理合同对照解读
通用条件与标准条件对照解读
专用条件对照解读
附录对照解读
填写范例与应用指南
相关法律、法规、规章及司法解释

U0224400

中国建材工业出版社

图书在版编目（CIP）数据

建设工程监理合同（示范文本）
（GF—2012—0202）与建设工程委托监理合同（示范文本）
（GF—2000—0202）对照解读／王志毅主编．—北京：中
国建材工业出版社，2012.9
（新版建设工程合同示范文本系列丛书）
ISBN 978-7-5160-0265-0

Ⅰ．①建…　Ⅱ．①王…　Ⅲ．①建筑工程－监理工作－
合同－研究－中国　Ⅳ．①TU723.1②D923.64

中国版本图书馆 CIP 数据核字（2012）第 197146 号

内 容 提 要

为规范建设工程监理活动，维护建设工程监理合同当事人的合法权益，中华人民共和国住房和城乡建设部、中华人民共和国国家工商行政管理总局于 2012 年 3 月 27 日颁布了《建设工程监理合同（示范文本）》（GF—2012—0202），自颁布之日起执行，原《建设工程委托监理合同（示范文本）》（GF—2000—2002）同时废止。

本书对《建设工程监理合同（示范文本）》（GF—2012—0202）和《建设工程委托监理合同（示范文本）》（GF—2000—2002）的新旧条款进行了对照解读并对应用《建设工程监理合同（示范文本）》（GF—2012—0202）合同条款提供了填写范例、简明指南和附录文件，有助于项目发包人、建筑施工企业、工程项目管理机构和咨询机构、监理单位、招标代理机构、设计机构、保险机构、工程担保机构、高等院校和相关培训机构、会计、审计、律师事务所以及其他相关机构的管理人员加深对《建设工程监理合同（示范文本）》（GF—2012—0202）合同条款的理解，学习和掌握洽谈、签订、履行《建设工程监理合同（示范文本）》（GF—2012—0202）合同条款的技巧。本书也可供相关高等院校和培训机构教学研究人员参考使用。

建设工程监理合同（示范文本）（GF—2012—0202）与
建设工程委托监理合同（示范文本）（GF—2000—0202）对照解读
王志毅　主编

出版发行：中国建材工业出版社
地　　址：北京市西城区车公庄大街 6 号
邮　　编：100044
经　　销：全国各地新华书店
印　　刷：北京雁林吉兆印刷有限公司
开　　本：889mm×1194mm　1/16
印　　张：12
字　　数：388 千字
版　　次：2012 年 10 月第 1 版
印　　次：2012 年 10 月第 1 次
定　　价：38.00 元

本社网址：www.jccbs.com.cn
本书如出现印装质量问题，由我社发行部负责调换。联系电话：（010）88386906
丛书法律顾问：北京市众明律师事务所

建设工程监理合同（示范文本）（GF—2012—0202）
与
建设工程委托监理合同（示范文本）（GF—2000—0202）
对照解读

主　编　王志毅

副主编　潘　容

关 于

建设工程监理合同（示范文本）（GF—2012—0202）

与

建设工程委托监理合同（示范文本）（GF—2000—0202）

对照解读

以 及

应用《建设工程监理合同(示范文本)》（GF—2012—0202）的简明指南

2012年

前　言

建设部（现住房和城乡建设部）早在1988年就发布了《关于开展建设监理工作的通知》，明确提出了要在我国建立建设工程监理制度。1997年颁布的《中华人民共和国建筑法》则进一步以法律的形式规定了国家推行建设工程监理制。根据《中华人民共和国建筑法》的界定，我国的"建筑工程监理"是指由具有法定资质条件的工程监理单位，根据建设单位的委托，依照法律、行政法规及有关的技术标准、设计文件和建筑工程承包合同，对承包单位在施工质量、建设工期和建设资金使用等方面，代表建设单位对工程施工实施监督的专门活动。

经过二十几年，监理事业在我国目前已经得到了长足发展。建设工程监理合同是开展监理工作的依据和前提条件。根据有关工程建设监理的法律、法规，在结合我国工程建设监理的实际情况并借鉴国际经验的基础上，建设部（现住房和城乡建设部）、国家工商行政管理局（现国家工商行政管理总局）于2000年2月颁布了《建设工程委托监理合同（示范文本）》（GF—2000—2002），取得了良好的社会效益和经济效益。2000版《建设工程委托监理合同（示范文本）》是对建设部（现住房和城乡建设部）、国家工商行政管理局（现国家工商行政管理总局）1995年颁布的《工程建设监理合同》的修订，适用于公用建筑、民用住宅、工业厂房、交通设施等各类工程的委托监理。

随着时代的发展以及一大批新法律法规的陆续颁布，为规范建设工程监理活动，维护建设工程监理合同当事人的合法权益，住房和城乡建设部、国家工商行政管理总局对《建设工程委托监理合同（示范文本）》（GF—2000—2002）进行了修订并于2012年3月颁布了《建设工程监理合同（示范文本）》（GF—2012—0202），适用于包括房屋建筑、市政工程等14个专业工程类别的建设工程项目。原《建设工程委托监理合同（示范文本）》（GF—2000—2002）同时废止。

与《建设工程委托监理合同（示范文本）》（GF—2000—2002）相比，《建设工程监理合同（示范文本）》（GF—2012—0202）进一步明确了监理的基本工作内容和范围，强化了总监负责制，细化了酬金计取及支付方式，取消了监理人过失责任的赔偿限额、增加了监理合同终止的条件。《建设工程监理合同（示范文本）》（GF—2012—0202）还以相关服务的形式将施工阶段监理工作的范围和内容扩展到了勘察、设计、保修和专业技术咨询等领域。

依法签订和履行《建设工程监理合同（示范文本）》（GF—2012—0202），更将有利于发展和完善建筑市场、有利于规范市场主体的交易行为，对于明确建设工程监理合同当事人的权利和义务、规范工程监理合同当事人的签约和履约行为、防止合同主体利益失衡、避免或减少合同纠纷、维护工程监理市场秩序必将发挥积极作用。

为组织学习、宣传和推行新版《建设工程监理合同（示范文本）》（GF—2012—0202），本书对《建设工程监理合同（示范文本）》（GF—2012—0202）和《建设工程委托监理合同（示范文本）》（GF—2000—2002）的新旧条款进行了对照解读并对应用《建设工程监理合同（示范文本）》（GF—2012—0202）合同条款提供了填写范例、简明指南和附录文件，本书有助于项目发包人、建筑施工企业、工程项目管理机构和咨询机构、监理单位、招标代理机构、设计机构、保险机构、工程担保机构、高等院校和相关培训机构、会计、审计、律师事务所以及其他相关机构的管理人员加深对《建设工程监理合同（示范文本）》（GF—2012—0202）合同条款的理解，学习和掌握洽谈、签订、履行《建设工程监理合同

（示范文本）》（GF—2012—0202）合同条款的技巧。本书也可供相关高等院校和培训机构教学研究人员参考使用。

《建设工程监理合同（示范文本）》（GF—2012—0202）凝聚了行业最高行政管理部门和相关领域专家学者的智慧，体系完整，措辞精确，逻辑严谨。限于编者水平的原因，仅能管中窥豹，恳请读者不吝指正。关于本书的任何批评意见或建议，敬请发送电子邮件至 wangzhiyi@263.net，以便再版时予以修正。

新版建设工程合同示范文本系列丛书

编委会

2012 年 9 月

中华人民共和国合同法总则（节选）

（1999 年 3 月 15 日第九届全国人民代表大会第二次会议通过，自 1999 年 10 月 1 日起施行）

第一条 为了保护合同当事人的合法权益，维护社会经济秩序，促进社会主义现代化建设，制定本法。

第二条 本法所称合同是平等主体的自然人、法人、其他组织之间设立、变更、终止民事权利义务关系的协议。

婚姻、收养、监护等有关身份关系的协议，适用其他法律的规定。

第三条 合同当事人的法律地位平等，一方不得将自己的意志强加给另一方。

第四条 当事人依法享有自愿订立合同的权利，任何单位和个人不得非法干预。

第五条 当事人应当遵循公平原则确定各方的权利和义务。

第六条 当事人行使权利、履行义务应当遵循诚实信用原则。

第七条 当事人订立、履行合同，应当遵守法律、行政法规，尊重社会公德，不得扰乱社会经济秩序，损害社会公共利益。

第八条 依法成立的合同，对当事人具有法律约束力。当事人应当按照约定履行自己的义务，不得擅自变更或者解除合同。

依法成立的合同，受法律保护。

目　　录

关于印发《建设工程监理合同（示范文本）》的通知

建市［2012］46号

各省、自治区住房和城乡建设厅、工商行政管理局，直辖市建委（建设委）、工商行政管理局，新疆生产建设兵团建设局、工商局，国务院有关部门建设司，国资委管理的有关企业：

为规范建设工程监理活动，维护建设工程监理合同当事人的合法权益，住房和城乡建设部、国家工商行政管理总局对《建设工程委托监理合同（示范文本）》（GF—2000—2002）进行了修订，制定了《建设工程监理合同（示范文本）》（GF—2012—0202），现印发给你们，供参照执行。在推广使用过程中，有何问题请与住房和城乡建设部建筑市场监管司、国家工商行政管理总局市场规范管理司联系。

本合同自颁布之日起执行，原《建设工程委托监理合同（示范文本）》（GF—2000—2002）同时废止。

附件：《建设工程监理合同（示范文本）》（GF—2012—0202）

中华人民共和国住房和城乡建设部
中华人民共和国国家工商行政管理总局
二〇一二年三月二十七日

（GF—2012—0202）

建设工程监理合同

（示范文本）

住 房 和 城 乡 建 设 部
国家工商行政管理总局　　制定

第一部分　协议书

委托人（全称）：_____

监理人（全称）：_____

根据《中华人民共和国合同法》、《中华人民共和国建筑法》及其他有关法律、法规，遵循平等、自愿、公平和诚信的原则，双方就下述工程委托监理与相关服务事项协商一致，订立本合同。

一、工程概况

1. 工程名称：_____；

2. 工程地点：_____；

3. 工程规模：_____；

4. 工程概算投资额或建筑安装工程费：_____。

二、词语限定

协议书中相关词语的含义与通用条件中的定义与解释相同。

三、组成本合同的文件

1. 协议书；

2. 中标通知书（适用于招标工程）或委托书（适用于非招标工程）；

3. 投标文件（适用于招标工程）或监理与相关服务建议书（适用于非招标工程）；

4. 专用条件；

5. 通用条件；

6. 附录，即：

附录A　相关服务的范围和内容

附录B　委托人派遣的人员和提供的房屋、资料、设备

本合同签订后，双方依法签订的补充协议也是本合同文件的组成部分。

四、总监理工程师

总监理工程师姓名：_____，身份证号码：_____，注册号：_____。

五、签约酬金

签约酬金（大写）：_____（￥_____）。

包括：

1. 监理酬金：_____。

2. 相关服务酬金：_____。

其中：

（1）勘察阶段服务酬金：_____。

（2）设计阶段服务酬金：_____。

（3）保修阶段服务酬金：_____。

（4）其他相关服务酬金：_____。

六、期限

1. 监理期限：

自_____年_____月_____日始，至_____年_____月_____日止。

2. 相关服务期限：

（1）勘察阶段服务期限自_____年_____月_____日始，至_____年_____月_____日止。

（2）设计阶段服务期限自_____年_____月_____日始，至_____年_____月_____日止。

（3）保修阶段服务期限自_____年_____月_____日始，至_____年_____月_____日止。

（4）其他相关服务期限自_____年_____月_____日始，至_____年_____月_____日止。

七、双方承诺

1. 监理人向委托人承诺，按照本合同约定提供监理与相关服务。

2. 委托人向监理人承诺，按照本合同约定派遣相应的人员，提供房屋、资料、设备，并按本合同约定支付酬金。

八、合同订立

1. 订立时间：_____年_____月_____日。

2. 订立地点：_____。

3. 本合同一式_____份，具有同等法律效力，双方各执_____份。

委 托 人：_____（盖章）　　　　　监 理 人：_____（盖章）

住　　所：_____　　　　　　　　　住　　所：_____

邮政编码：_____　　　　　　　　　邮政编码：_____

法定代表人　　　　　　　　　　　　　　法定代表人

或其授权的代理人：_____（签字）　　　或其授权的代理人：_____（签字）

开户银行：_____　　　　　　　　　开户银行：_____

账　　号：_____　　　　　　　　　账　　号：_____

电　　话：_____　　　　　　　　　电　　话：_____

传　　真：_____　　　　　　　　　传　　真：_____

电子邮箱：_____　　　　　　　　　电子邮箱：_____

第二部分 通用条件

1. 定义与解释

1.1 定义

除根据上下文另有其意义外，组成本合同的全部文件中的下列名词和用语应具有本款所赋予的含义：

1.1.1 "工程"是指按照本合同约定实施监理与相关服务的建设工程。

1.1.2 "委托人"是指本合同中委托监理与相关服务的一方，及其合法的继承人或受让人。

1.1.3 "监理人"是指本合同中提供监理与相关服务的一方，及其合法的继承人。

1.1.4 "承包人"是指在工程范围内与委托人签订勘察、设计、施工等有关合同的当事人，及其合法的继承人。

1.1.5 "监理"是指监理人受委托人的委托，依照法律法规、工程建设标准、勘察设计文件及合同，在施工阶段对建设工程质量、进度、造价进行控制，对合同、信息进行管理，对工程建设相关方的关系进行协调，并履行建设工程安全生产管理法定职责的服务活动。

1.1.6 "相关服务"是指监理人受委托人的委托，按照本合同约定，在勘察、设计、保修等阶段提供的服务活动。

1.1.7 "正常工作"指本合同订立时通用条件和专用条件中约定的监理人的工作。

1.1.8 "附加工作"是指本合同约定的正常工作以外监理人的工作。

1.1.9 "项目监理机构"是指监理人派驻工程负责履行本合同的组织机构。

1.1.10 "总监理工程师"是指由监理人的法定代表人书面授权，全面负责履行本合同、主持项目监理机构工作的注册监理工程师。

1.1.11 "酬金"是指监理人履行本合同义务，委托人按照本合同约定给付监理人的金额。

1.1.12 "正常工作酬金"是指监理人完成正常工作，委托人应给付监理人并在协议书中载明的签约酬金额。

1.1.13 "附加工作酬金"是指监理人完成附加工作，委托人应给付监理人的金额。

1.1.14 "一方"是指委托人或监理人；"双方"是指委托人和监理人；"第三方"是指除委托人和监理人以外的有关方。

1.1.15 "书面形式"是指合同书、信件和数据电文（包括电报、电传、传真、电子数据交换和电子邮件）等可以有形地表现所载内容的形式。

1.1.16 "天"是指第一天零时至第二天零时的时间。

1.1.17 "月"是指按公历从一个月中任何一天开始的一个公历月时间。

1.1.18 "不可抗力"是指委托人和监理人在订立本合同时不可预见，在工程施工过程中不可避免发生并不能克服的自然灾害和社会性突发事件，如地震、海啸、瘟疫、水灾、骚乱、暴动、战争和专用条件约定的其他情形。

1.2 解释

1.2.1 本合同使用中文书写、解释和说明。如专用条件约定使用两种及以上语言文字时，应以中文为准。

1.2.2 组成本合同的下列文件彼此应能相互解释、互为说明。除专用条件另有约定外，本合同文件的解释顺序如下：

（1）协议书；

（2）中标通知书（适用于招标工程）或委托书（适用于非招标工程）；

（3）专用条件及附录 A、附录 B；

（4）通用条件；

（5）投标文件（适用于招标工程）或监理与相关服务建议书（适用于非招标工程）。

双方签订的补充协议与其他文件发生矛盾或歧义时，属于同一类内容的文件，应以最新签署的为准。

2. 监理人的义务

2.1 监理的范围和工作内容

2.1.1 监理范围在专用条件中约定。

2.1.2 除专用条件另有约定外，监理工作内容包括：

（1）收到工程设计文件后编制监理规划，并在第一次工地会议 7 天前报委托人。根据有关规定和监理工作需要，编制监理实施细则；

（2）熟悉工程设计文件，并参加由委托人主持的图纸会审和设计交底会议；

（3）参加由委托人主持的第一次工地会议；主持监理例会并根据工程需要主持或参加专题会议；

（4）审查施工承包人提交的施工组织设计，重点审查其中的质量安全技术措施、专项施工方案与工程建设强制性标准的符合性；

（5）检查施工承包人工程质量、安全生产管理制度及组织机构和人员资格；

（6）检查施工承包人专职安全生产管理人员的配备情况；

（7）审查施工承包人提交的施工进度计划，核查承包人对施工进度计划的调整；

（8）检查施工承包人的试验室；

（9）审核施工分包人资质条件；

（10）查验施工承包人的施工测量放线成果；

（11）审查工程开工条件，对条件具备的签发开工令；

（12）审查施工承包人报送的工程材料、构配件、设备质量证明文件的有效性和符合性，并按规定对用于工程的材料采取平行检验或见证取样方式进行抽检；

（13）审核施工承包人提交的工程款支付申请，签发或出具工程款支付证书，并报委托人审核、批准；

（14）在巡视、旁站和检验过程中，发现工程质量、施工安全存在事故隐患的，要求施工承包人整改并报委托人；

（15）经委托人同意，签发工程暂停令和复工令；

（16）审查施工承包人提交的采用新材料、新工艺、新技术、新设备的论证材料及相关验收标准；

（17）验收隐蔽工程、分部分项工程；

（18）审查施工承包人提交的工程变更申请，协调处理施工进度调整、费用索赔、合同争议等事项；

（19）审查施工承包人提交的竣工验收申请，编写工程质量评估报告；

（20）参加工程竣工验收，签署竣工验收意见；

（21）审查施工承包人提交的竣工结算申请并报委托人；

（22）编制、整理工程监理归档文件并报委托人。

2.1.3 相关服务的范围和内容在附录 A 中约定。

2.2 监理与相关服务依据

2.2.1 监理依据包括：

（1）适用的法律、行政法规及部门规章；

（2）与工程有关的标准；

（3）工程设计及有关文件；

（4）本合同及委托人与第三方签订的与实施工程有关的其他合同。

双方根据工程的行业和地域特点，在专用条件中具体约定监理依据。

2.2.2　相关服务依据在专用条件中约定。

2.3　项目监理机构和人员

2.3.1　监理人应组建满足工作需要的项目监理机构，配备必要的检测设备。项目监理机构的主要人员应具有相应的资格条件。

2.3.2　本合同履行过程中，总监理工程师及重要岗位监理人员应保持相对稳定，以保证监理工作正常进行。

2.3.3　监理人可根据工程进展和工作需要调整项目监理机构人员。监理人更换总监理工程师时，应提前7天向委托人书面报告，经委托人同意后方可更换；监理人更换项目监理机构其他监理人员，应以相当资格与能力的人员替换，并通知委托人。

2.3.4　监理人应及时更换有下列情形之一的监理人员：

（1）严重过失行为的；

（2）有违法行为不能履行职责的；

（3）涉嫌犯罪的；

（4）不能胜任岗位职责的；

（5）严重违反职业道德的；

（6）专用条件约定的其他情形。

2.3.5　委托人可要求监理人更换不能胜任本职工作的项目监理机构人员。

2.4　履行职责

监理人应遵循职业道德准则和行为规范，严格按照法律法规、工程建设有关标准及本合同履行职责。

2.4.1　在监理与相关服务范围内，委托人和承包人提出的意见和要求，监理人应及时提出处置意见。当委托人与承包人之间发生合同争议时，监理人应协助委托人、承包人协商解决。

2.4.2　当委托人与承包人之间的合同争议提交仲裁机构仲裁或人民法院审理时，监理人应提供必要的证明资料。

2.4.3　监理人应在专用条件约定的授权范围内，处理委托人与承包人所签订合同的变更事宜。如果变更超过授权范围，应以书面形式报委托人批准。

在紧急情况下，为了保护财产和人身安全，监理人所发出的指令未能事先报委托人批准时，应在发出指令后的24小时内以书面形式报委托人。

2.4.4　除专用条件另有约定外，监理人发现承包人的人员不能胜任本职工作的，有权要求承包人予以调换。

2.5　提交报告

监理人应按专用条件约定的种类、时间和份数向委托人提交监理与相关服务的报告。

2.6　文件资料

在本合同履行期内，监理人应在现场保留工作所用的图纸、报告及记录监理工作的相关文件。工程竣工后，应当按照档案管理规定将监理有关文件归档。

2.7　使用委托人的财产

监理人无偿使用附录B中由委托人派遣的人员和提供的房屋、资料、设备。除专用条件另有约定外，委托人提供的房屋、设备属于委托人的财产，监理人应妥善使用和保管，在本合同终止时将这些房屋、设备的清单提交委托人，并按专用条件约定的时间和方式移交。

3. 委托人的义务

3.1 告知

委托人应在委托人与承包人签订的合同中明确监理人、总监理工程师和授予项目监理机构的权限。如有变更，应及时通知承包人。

3.2 提供资料

委托人应按照附录 B 约定，无偿向监理人提供工程有关的资料。在本合同履行过程中，委托人应及时向监理人提供最新的与工程有关的资料。

3.3 提供工作条件

委托人应为监理人完成监理与相关服务提供必要的条件。

3.3.1 委托人应按照附录 B 约定，派遣相应的人员，提供房屋、设备，供监理人无偿使用。

3.3.2 委托人应负责协调工程建设中所有外部关系，为监理人履行本合同提供必要的外部条件。

3.4 委托人代表

委托人应授权一名熟悉工程情况的代表，负责与监理人联系。委托人应在双方签订本合同后 7 天内，将委托人代表的姓名和职责书面告知监理人。当委托人更换委托人代表时，应提前 7 天通知监理人。

3.5 委托人意见或要求

在本合同约定的监理与相关服务工作范围内，委托人对承包人的任何意见或要求应通知监理人，由监理人向承包人发出相应指令。

3.6 答复

委托人应在专用条件约定的时间内，对监理人以书面形式提交并要求作出决定的事宜，给予书面答复。逾期未答复的，视为委托人认可。

3.7 支付

委托人应按本合同约定，向监理人支付酬金。

4. 违约责任

4.1 监理人的违约责任

监理人未履行本合同义务的，应承担相应的责任。

4.1.1 因监理人违反本合同约定给委托人造成损失的，监理人应当赔偿委托人损失。赔偿金额的确定方法在专用条件中约定。监理人承担部分赔偿责任的，其承担赔偿金额由双方协商确定。

4.1.2 监理人向委托人的索赔不成立时，监理人应赔偿委托人由此发生的费用。

4.2 委托人的违约责任

委托人未履行本合同义务的，应承担相应的责任。

4.2.1 委托人违反本合同约定造成监理人损失的，委托人应予以赔偿。

4.2.2 委托人向监理人的索赔不成立时，应赔偿监理人由此引起的费用。

4.2.3 委托人未能按期支付酬金超过 28 天，应按专用条件约定支付逾期付款利息。

4.3 除外责任

因非监理人的原因，且监理人无过错，发生工程质量事故、安全事故、工期延误等造成的损失，监理人不承担赔偿责任。

因不可抗力导致本合同全部或部分不能履行时，双方各自承担其因此而造成的损失、损害。

5. 支付

5.1 支付货币

除专用条件另有约定外，酬金均以人民币支付。涉及外币支付的，所采用的货币种类、比例和汇率在专用条件中约定。

5.2 支付申请

监理人应在本合同约定的每次应付款时间的 7 天前，向委托人提交支付申请书。支付申请书应当说明当期应付款总额，并列出当期应支付的款项及其金额。

5.3 支付酬金

支付的酬金包括正常工作酬金、附加工作酬金、合理化建议奖励金额及费用。

5.4 有争议部分的付款

委托人对监理人提交的支付申请书有异议时，应当在收到监理人提交的支付申请书后 7 天内，以书面形式向监理人发出异议通知。无异议部分的款项应按期支付，有异议部分的款项按第 7 条约定办理。

6. 合同生效、变更、暂停、解除与终止

6.1 生效

除法律另有规定或者专用条件另有约定外，委托人和监理人的法定代表人或其授权代理人在协议书上签字并盖单位章后本合同生效。

6.2 变更

6.2.1 任何一方提出变更请求时，双方经协商一致后可进行变更。

6.2.2 除不可抗力外，因非监理人原因导致监理人履行合同期限延长、内容增加时，监理人应当将此情况与可能产生的影响及时通知委托人。增加的监理工作时间、工作内容应视为附加工作。附加工作酬金的确定方法在专用条件中约定。

6.2.3 合同生效后，如果实际情况发生变化使得监理人不能完成全部或部分工作时，监理人应立即通知委托人。除不可抗力外，其善后工作以及恢复服务的准备工作应为附加工作，附加工作酬金的确定方法在专用条件中约定。监理人用于恢复服务的准备时间不应超过 28 天。

6.2.4 合同签订后，遇有与工程相关的法律法规、标准颁布或修订的，双方应遵照执行。由此引起监理与相关服务的范围、时间、酬金变化的，双方应通过协商进行相应调整。

6.2.5 因非监理人原因造成工程概算投资额或建筑安装工程费增加时，正常工作酬金应作相应调整。调整方法在专用条件中约定。

6.2.6 因工程规模、监理范围的变化导致监理人的正常工作量减少时，正常工作酬金应作相应调整。调整方法在专用条件中约定。

6.3 暂停与解除

除双方协商一致可以解除本合同外，当一方无正当理由未履行本合同约定的义务时，另一方可以根据本合同约定暂停履行本合同直至解除本合同。

6.3.1 在本合同有效期内，由于双方无法预见和控制的原因导致本合同全部或部分无法继续履行或继续履行已无意义，经双方协商一致，可以解除本合同或监理人的部分义务。在解除之前，监理人应作出合理安排，使开支减至最小。

因解除本合同或解除监理人的部分义务导致监理人遭受的损失，除依法可以免除责任的情况外，应由委托人予以补偿，补偿金额由双方协商确定。

解除本合同的协议必须采取书面形式，协议未达成之前，本合同仍然有效。

6.3.2 在本合同有效期内，因非监理人的原因导致工程施工全部或部分暂停，委托人可通知监理人要求暂停全部或部分工作。监理人应立即安排停止工作，并将开支减至最小。除不可抗力外，由此导致监理人遭受的损失应由委托人予以补偿。

暂停部分监理与相关服务时间超过 182 天，监理人可发出解除本合同约定的该部分义务的通知；暂停全部工作时间超过 182 天，监理人可发出解除本合同的通知，本合同自通知到达委托人时解除。委托人应将监理与相关服务的酬金支付至本合同解除日，且应承担第 4.2 款约定的责任。

6.3.3　当监理人无正当理由未履行本合同约定的义务时，委托人应通知监理人限期改正。若委托人在监理人接到通知后的 7 天内未收到监理人书面形式的合理解释，则可在 7 天内发出解除本合同的通知，自通知到达监理人时本合同解除。委托人应将监理与相关服务的酬金支付至限期改正通知到达监理人之日，但监理人应承担第 4.1 款约定的责任。

6.3.4　监理人在专用条件 5.3 中约定的支付之日起 28 天后仍未收到委托人按本合同约定应付的款项，可向委托人发出催付通知。委托人接到通知 14 天后仍未支付或未提出监理人可以接受的延期支付安排，监理人可向委托人发出暂停工作的通知并可自行暂停全部或部分工作。暂停工作后 14 天内监理人仍未获得委托人应付酬金或委托人的合理答复，监理人可向委托人发出解除本合同的通知，自通知到达委托人时本合同解除。委托人应承担第 4.2.3 款约定的责任。

6.3.5　因不可抗力致使本合同部分或全部不能履行时，一方应立即通知另一方，可暂停或解除本合同。

6.3.6　本合同解除后，本合同约定的有关结算、清理、争议解决方式的条件仍然有效。

6.4　终止

以下条件全部满足时，本合同即告终止：

（1）监理人完成本合同约定的全部工作；

（2）委托人与监理人结清并支付全部酬金。

7. 争议解决

7.1　协商

双方应本着诚信原则协商解决彼此间的争议。

7.2　调解

如果双方不能在 14 天内或双方商定的其他时间内解决本合同争议，可以将其提交给专用条件约定的或事后达成协议的调解人进行调解。

7.3　仲裁或诉讼

双方均有权不经调解直接向专用条件约定的仲裁机构申请仲裁或向有管辖权的人民法院提起诉讼。

8. 其他

8.1　外出考察费用

经委托人同意，监理人员外出考察发生的费用由委托人审核后支付。

8.2　检测费用

委托人要求监理人进行的材料和设备检测所发生的费用，由委托人支付，支付时间在专用条件中约定。

8.3　咨询费用

经委托人同意，根据工程需要由监理人组织的相关咨询论证会以及聘请相关专家等发生的费用由委托人支付，支付时间在专用条件中约定。

8.4　奖励

监理人在服务过程中提出的合理化建议，使委托人获得经济效益的，双方在专用条件中约定奖励金额的确定方法。奖励金额在合理化建议被采纳后，与最近一期的正常工作酬金同期支付。

8.5　守法诚信

监理人及其工作人员不得从与实施工程有关的第三方处获得任何经济利益。

8.6　保密

双方不得泄露对方申明的保密资料，亦不得泄露与实施工程有关的第三方所提供的保密资料，保密事项在专用条件中约定。

8.7　通知

本合同涉及的通知均应当采用书面形式，并在送达对方时生效，收件人应书面签收。

8.8　著作权

监理人对其编制的文件拥有著作权。

监理人可单独或与他人联合出版有关监理与相关服务的资料。除专用条件另有约定外，如果监理人在本合同履行期间及本合同终止后两年内出版涉及本工程的有关监理与相关服务的资料，应当征得委托人的同意。

第三部分　专用条件

1. 定义与解释

1.2　解释

1.2.1　本合同文件除使用中文外，还可用＿＿＿＿＿＿＿＿＿＿＿。

1.2.2　约定本合同文件的解释顺序为：＿＿＿＿＿＿＿＿＿＿＿＿。

2. 监理人义务

2.1　监理的范围和内容

2.1.1　监理范围包括：＿＿＿＿＿＿＿＿＿＿＿＿＿＿＿＿＿＿＿。

2.1.2　监理工作内容还包括：＿＿＿＿＿＿＿＿＿＿＿＿＿＿＿＿。

2.2　监理与相关服务依据

2.2.1　监理依据包括：＿＿＿＿＿＿＿＿＿＿＿＿＿＿＿＿＿＿＿。

2.2.2　相关服务依据包括：＿＿＿＿＿＿＿＿＿＿＿＿＿＿＿＿＿。

2.3　项目监理机构和人员

2.3.4　更换监理人员的其他情形：＿＿＿＿＿＿＿＿＿＿＿＿＿＿。

2.4　履行职责

2.4.3　对监理人的授权范围：＿＿＿＿＿＿＿＿＿＿＿＿＿＿＿＿。

在涉及工程延期＿＿＿＿天内和（或）金额＿＿＿＿万元内的变更，监理人不需请示委托人即可向承包人发布变更通知。

2.4.4　监理人有权要求承包人调换其人员的限制条件：

＿＿＿＿＿＿＿＿＿＿＿＿＿＿＿＿＿＿＿＿＿＿＿＿＿＿＿＿＿＿＿。

2.5　提交报告

监理人应提交报告的种类（包括监理规划、监理月报及约定的专项报告）、时间和份数：＿＿＿＿＿＿

＿＿＿＿＿＿＿＿＿＿＿＿＿＿＿＿。

2.7　使用委托人的财产

附录 B 中由委托人无偿提供的房屋、设备的所有权属于：

＿＿＿＿＿＿＿＿＿＿＿＿＿＿＿＿＿＿＿＿＿＿＿＿＿＿＿＿＿＿＿。

监理人应在本合同终止后＿＿＿＿＿＿＿天内移交委托人无偿提供的房屋、设备，移交的时间和方式为：

＿＿＿＿＿＿＿＿＿＿＿＿＿。

3. 委托人义务

3.4　委托人代表

委托人代表为：＿＿＿＿＿＿＿＿＿＿＿＿＿＿＿。

3.6　答复

委托人同意在＿＿＿＿＿＿天内，对监理人书面提交并要求做出决定的事宜给予书面答复。

4. 违约责任

4.1 监理人的违约责任

4.1.1 监理人赔偿金额按下列方法确定：

赔偿金＝直接经济损失×正常工作酬金÷工程概算投资额（或建筑安装工程费）

4.2 委托人的违约责任

4.2.3 委托人逾期付款利息按下列方法确定：

逾期付款利息＝当期应付款总额×银行同期贷款利率×拖延支付天数

5. 支付

5.1 支付货币

币种为：_____，比例为：_____，汇率为：_____。

5.3 支付酬金

正常工作酬金的支付：

支付次数	支付时间	支付比例	支付金额（万元）
首付款	本合同签订后 7 天内		
第二次付款			
第三次付款			
……			
最后付款	监理与相关服务期届满 14 天内		

6. 合同生效、变更、暂停、解除与终止

6.1 生效

本合同生效条件：_____。

6.2 变更

6.2.2 除不可抗力外，因非监理人原因导致本合同期限延长时，附加工作酬金按下列方法确定：

附加工作酬金＝本合同期限延长时间（天）×正常工作酬金÷协议书约定的监理与相关服务期限（天）

6.2.3 附加工作酬金按下列方法确定：

附加工作酬金＝善后工作及恢复服务的准备工作时间（天）×正常工作酬金÷协议书约定的监理与相关服务期限（天）

6.2.5 正常工作酬金增加额按下列方法确定：

正常工作酬金增加额＝工程投资额或建筑安装工程费增加额×正常工作酬金÷工程概算投资额（或建筑安装工程费）

6.2.6 因工程规模、监理范围的变化导致监理人的正常工作量减少时，按减少工作量的比例从协议书约定的正常工作酬金中扣减相同比例的酬金。

7. 争议解决

7.2 调解

本合同争议进行调解时，可提交_____进行调解。

7.3 仲裁或诉讼

合同争议的最终解决方式为下列第_____种方式：

（1）提请_____仲裁委员会进行仲裁。

（2）向_____人民法院提起诉讼。

8. 其他

8.2 检测费用

委托人应在检测工作完成后_____天内支付检测费用。

8.3 咨询费用

委托人应在咨询工作完成后_____天内支付咨询费用。

8.4 奖励

合理化建议的奖励金额按下列方法确定为：

奖励金额＝工程投资节省额×奖励金额的比率；

奖励金额的比率为_____％。

8.6 保密

委托人申明的保密事项和期限：_____。

监理人申明的保密事项和期限：_____。

第三方申明的保密事项和期限：_____。

8.8 著作权

监理人在本合同履行期间及本合同终止后两年内出版涉及本工程的有关监理与相关服务的资料的限制条件：

_____。

9. 补充条款

_____

_____。

附录 A　相关服务的范围和内容

A-1　勘察阶段：＿＿＿＿＿＿＿＿＿＿＿＿＿＿＿＿＿＿＿＿＿＿＿＿＿＿＿＿＿

＿＿＿＿＿＿＿＿＿＿＿＿＿＿＿＿＿＿＿＿＿＿＿＿＿＿＿＿＿＿＿＿＿＿＿＿＿＿＿。

A-2　设计阶段：＿＿＿＿＿＿＿＿＿＿＿＿＿＿＿＿＿＿＿＿＿＿＿＿＿＿＿＿＿

＿＿＿＿＿＿＿＿＿＿＿＿＿＿＿＿＿＿＿＿＿＿＿＿＿＿＿＿＿＿＿＿＿＿＿＿＿＿＿。

A-3　保修阶段：＿＿＿＿＿＿＿＿＿＿＿＿＿＿＿＿＿＿＿＿＿＿＿＿＿＿＿＿＿

＿＿＿＿＿＿＿＿＿＿＿＿＿＿＿＿＿＿＿＿＿＿＿＿＿＿＿＿＿＿＿＿＿＿＿＿＿＿＿。

A-4　其他（专业技术咨询、外部协调工作等）：＿＿＿＿＿＿＿＿＿＿＿＿＿＿＿＿

＿＿＿＿＿＿＿＿＿＿＿＿＿＿＿＿＿＿＿＿＿＿＿＿＿＿＿＿＿＿＿＿＿＿＿＿＿＿＿。

附录 B 委托人派遣的人员和提供的房屋、资料、设备

B-1 委托人派遣的人员

名称	数量	工作要求	提供时间
1. 工程技术人员			
2. 辅助工作人员			
3. 其他人员			
……			

B-2 委托人提供的房屋

名称	数量	面积	提供时间
1. 办公用房			
2. 生活用房			
3. 试验用房			
4. 样品用房			
……			
用餐及其他生活条件			

B-3 委托人提供的资料

名称	份数	提供时间	备注
1. 工程立项文件			
2. 工程勘察文件			
3. 工程设计及施工图纸			
4. 工程承包合同及其他相关合同			
5. 施工许可文件			
6. 其他文件			
……			

B-4 委托人提供的设备

名称	数量	型号与规格	提供时间
1. 通讯设备			
2. 办公设备			
3. 交通工具			
4. 检测和试验设备			
……			

《建设工程监理合同（示范文本）》（GF—2012—0202）
导　　读

　　《建设工程监理合同（示范文本）》（GF—2012—0202）由《协议书》、《通用条件》、《专用条件》和《附录》四部分构成。《协议书》共有八个条文；《通用条件》分为八个部分，共 37 条 80 款；《专用条件》的内容编号与《通用条件》相对应；《附录》包括"附录 A—相关服务的范围和内容"；"附录 B—委托人派遣的人员和提供的房屋、资料、设备"。

　　《协议书》作为《建设工程监理合同（示范文本）》（GF—2012—0202）的第一部分，是委托人与监理人就合同内容协商达成一致意见后，向对方承诺履行合同而签署的正式协议。《协议书》包括监理工程概况、签约酬金、委托人和监理人双方的承诺以及委托监理服务期限等内容，明确了包括《协议书》在内组成合同的所有文件，并约定了合同订立的时间和地点等。除双方当事人签署的《协议书》外，下列文件均为建设工程监理合同的组成部分：1. 中标通知书或委托书；2. 投标文件；3. 专用条件；4. 通用条件；5. 附录；即"附录 A—相关服务的范围和内容"；"附录 B—委托人派遣的人员和提供的房屋、资料、设备"；6. 在合同履行过程中双方共同签订的补充协议。

　　《协议书》作为《建设工程监理合同（示范文本）》（GF—2012—0202）单独的一部分，主要有以下几个方面的目的：一是确认双方达成一致意见的合同主要内容，使合同主要内容清楚明了；二是确认合同文件的组成部分，有利于合同双方正确理解并全面履行合同；三是确认合同主体双方并由法定代表人或授权代表签字并加盖公章，约定合同生效；四是合同双方郑重承诺履行自己的合同义务，有助于增强履约意识。

　　《通用条件》是根据《中华人民共和国建筑法》、《中华人民共和国合同法》等及其他有关法律、行政法规制定的，同时也考虑了委托监理工程实施中的惯例以及监理合同在签订、履行和管理中的通常做法，具有较强的普遍性和通用性，是通用于各类建设工程监理的基础性合同条款。其内容涵盖了合同中所用的词语定义与解释，监理人的义务，委托人的义务，违约责任，支付，合同生效、变更、暂停、解除与终止，争议的解决，其他等情况。

　　合同双方可结合具体监理工程的情况，经协商一致对《通用条件》进行补充或修改，在《专用条件》中约定。监理合同履行中是否执行《通用条件》要根据《专用条件》的约定。如果《专用条件》没有对《通用条件》的某一条款作出修改，则执行《通用条件》；反之，按修改后的《专用条件》执行。无论是否执行《通用条件》，《通用条件》都应作为监理合同的一个组成部分予以保留，不应只将《协议书》和《专用条件》视为合同的全部内容。

　　《专用条件》是专用于具体监理工程的条款。每个监理工程都有各自具体的内容，都有不同的特点，《专用条件》正是针对不同监理工程的内容和特点，对应《通用条件》的内容，对不明确的条款作出具体约定，对不适用的条款作出修改，对缺少的内容作出补充，使监理合同条款更具有可操作性，便于理解和履行。《专用条件》和《通用条件》不是各自独立的两部分，而是互为说明、互为补充，与《协议书》共同构成建设工程监理合同的内容。

　　《专用条件》体现了建设工程监理合同的个性，《通用条件》体现了建设工程监理合同的共性。根据通行的做法和双方对于合同解释顺序约定，当《专用条件》与《通用条件》约定发生冲突时，《专用条件》的法律效力优先于《通用条件》，应以《专用条件》约定为准适用。

除《通用条件》外，《协议书》、《专用条件》、《附录》均涉及合同内容的填写问题。合同双方应注意合同填写必须做到标准、规范、要素齐全、数字正确、字迹清晰、避免涂改；空白栏未填写内容时应予以删除或注明"此栏空白"字样；涉及金额的数字应使用中文大写或同时使用大小写（可注明"以大写为准"）。

《建设工程监理合同（示范文本）》（GF—2012—0202）所有涉及须双方共同确认的附件均应注明与合同有同等法律效力，并由双方以签订合同的方式确认。

第一部分

《建设工程监理合同（示范文本）》（GF—2012—0202）

"协议书"

与

《建设工程委托监理合同（示范文本）》（GF—2000—0202）

"建设工程委托监理合同"

对照解读

《建设工程监理合同（示范文本）》（GF—2012—0202）第一部分　协议书	《建设工程委托监理合同（示范文本）》（GF—2000—0202）第一部分　建设工程委托监理合同	对照解读
协议书 委托人（全称）：＿＿＿＿＿＿ 监理人（全称）：＿＿＿＿＿＿	**建设工程委托监理合同** 委托人＿＿＿与监理人＿＿＿经双方协商一致，签订本合同。	本款已作修改。 《建设工程监理合同（示范文本）》（GF—2012—0202）将《建设工程委托监理合同（示范文本）》（GF—2000—0202）的合同文件名称由《建设工程委托监理合同（示范文本）》修改为《建设工程监理合同（示范文本）》，并将第一部分的合同文件名称由"建设工程委托监理合同"修改为"协议书"，符合国际通行做法。 我国《合同法》第二百七十六条规定："建设工程实行监理的，发包人应当与监理人采用书面形式订立委托监理合同。" 建设工程监理合同是指委托人与监理人承担监理业务而明确双方权利义务关系的协议。建设工程监理合同的主体即合同的权利和义务的承担者，包括发包人和监理人。建设工程监理合同是一种委托合同，发包人是委托人，监理人是受托人。 委托人与监理人的名称均应完整、准确地填写在对应的位置内，不可填写简称。注意工程监理合同签字盖章处所加盖公章是建设工程监理合同主体的确定是双方签约的基础。委托人与监理人双方一致性，避免因签约主体与履约主体不一致导致合同无效的法律后果。委托人与监理人双方应主张保证承担因合格所不适格导致履约或履行主体不适格主体后果。

《建设工程监理合同（示范文本）》（GF—2012—0202）第一部分 协议书	《建设工程委托监理合同（示范文本）》（GF—2000—0202）第一部分 建设工程委托监理合同	对照解读
根据《中华人民共和国合同法》、《中华人民共和国建筑法》及其他有关法律、法规，遵循平等、自愿、公平和诚信原则，双方就上述工程委托监理与相关服务事项协商一致，订立本合同。		订立书面的建设工程监理合同是监理人获得监理业务的前提。监理人取得监理业务的形式有两种：一是通过投标竞争取得监理业务；二是由委托人直接委托取得监理业务。
		本款为新增子条款。 本款是鉴于条款的约定，主要约定了委托人签订建设工程监理合同与监理人签订建设工程监理合同的目的、意图及依据。平等、自愿、公平和诚实信用是我国民事活动必须遵循的基本原则，如果违反上述原则，民事行为很可能是无效或者可撤销行为。 我国《合同法》第三条、第四条、第五条、第六条、第八条分别对合同的"平等"、"自愿"、"公平和诚实信用原则"及合同的"相当于"法律的效力"作了明确规定。
一、工程概况	一、委托人委托监理人监理的工程（以下简称"本工程"）概况如下：	本款已作修改。 《建设工程监理合同（示范文本）》（GF—2012—0202）将《建设工程委托监理合同（示范文本）》（GF—2000—0202）本款项下的"总投资"修改为"工程概算投资额或建筑安装工程费"。建设工程监理服务工程概况的约定，是监理人在委托的监理范围内行使管理权，合法进行、在委托范围内的"工程"，是确定监理人监理与相关服务所指向的对象，是确定监理人合同义务的基础。

《建设工程监理合同（示范文本）》（GF—2012—0202）第一部分 协议书	《建设工程委托监理合同（示范文本）》（GF—2000—0202）第一部分 建设工程委托监理合同	对照解读
1. 工程名称：	工程名称：	工程名称：填写所委托监理工程的全称，工程名称应与委托人向相关行政部门报批时所使用的全称及/或工程监理招标文件一致。如：×××工程，不可使用代号。
2. 工程地点：	工程地点：	工程地点：填写所委托监理工程所在地详细地点。如北京市××区××路×号，或××地块，东临××路，南临××路，西临××路，北临××路。
3. 工程规模：	工程规模：	工程规模：填写所委托监理工程的规模大小，如房屋建筑工程建筑面积多少平方米，路桥工程多少长度等。
4. 工程概算投资额或建筑安装工程费：	总 投 资：	工程概算投资额或建筑安装工程费：须填写明确，监理服务费收费以工程概算或建筑安装工程概算投资为计费基础。施工监理服务收费以建设项目二概算投资额即为建筑安装工程中的建筑安装工程费、设备购置费和联合试运转费之和。具体填写哪一项需委根据所委托监理专业工程的施工类型不同而确定。 按照各专业工程的施工监理特点，施工监理服务收费划分为两种计费方式：（1）对铁路、公路、水运、水电、水库五类专业工程，其施工监理服务收费按照建设项目工程概算分档定额计费；（2）对其他专业工程，其施工监理服务收费按照建设项目工程概算分档定额计费方式计收费，其计费费基数为工程概算投资额。

《建设工程监理合同（示范文本）》（GF—2012—0202）第一部分 协议书	《建设工程委托监理合同（示范文本）》（GF—2000—0202）第一部分 建设工程委托监理合同	对照解读
二、词语限定 协议书中相关词语的含义与通用条件中的定义与解释相同。	二、本合同中的有关词语含义与本合同第二部分《标准条件》中赋予它们的定义与含义相同。	本款未作修改。 委托人与监理人在"协议书"第1条中使用的相关词语与"通用条件"的词语含义相同，从而保证词语含义与合同条款一致性，以避免合同双方解释条款时产生争议。
三、组成本合同的文件 1. 协议书； 2. 中标通知书（适用于招标工程）或委托书（适用于非招标工程）； 3. 投标文件（适用于招标工程）或监理与相关服务建议书（适用于非招标工程）； 4. 专用条件； 5. 通用条件； 6. 附录，即： 附录A 相关服务的范围和内容 附录B 委托人派遣的人员和提供的房屋、资料、设备	三、下列文件均为本合同的组成部分： ①监理投标书或中标通知书； ②本合同标准条件； ③本合同专用条件；	本款已作修改。 《建设工程监理合同（示范文本）》（GF—2012—0202）与《建设工程委托监理合同（示范文本）》（GF—2000—2002）相比，增加了"协议书"和"附录"作为整体合同的组成文件；且将组成合同的文件以"适用于招标工程"和"适用于非招标工程"作了区分，丰富了合同文件的组成及内容。 本款是对建设工程监理合同中作为整体合同组成文件的一个列示。本款只是对合同组成部分的约定，不是对合同解释顺序做出约定。委托人与监理人双方可以根据监理工程的性质和实际情况，在"专用条件"中对于合同组成文件的解释顺序做出调整。 我国《招标投标法》第四十六条规定，招标人和中标人应当自中标通知书发出之日起三十日内，按照招标文件和中标人的投标文件订立书面合同。招标人和中标人不得再行订立背离合同实质性内容的其他协议。

《建设工程监理合同（示范文本）》（GF—2012—0202）第一部分　协议书	《建设工程委托监理合同（示范文本）》（GF—2000—0202）第一部分　建设工程委托监理合同	对照解读
本合同签订后，双方依法签订的补充协议也是本合同文件的组成部分。	④在实施过程中双方共同签署的补充与修正文件。	我国《招标投标法实施条例》第五十七条的规定，合同的标的、价款、质量、履行期限等主要条款应当与招标文件和中标人的投标文件的内容一致。招标人和中标人不得再行订立背离合同实质性内容的其他协议。 由于绝大多数建设工程监理合同是通过招标投标程序而签订的，在合同履行过程中，法律并不禁止合同双方对合同未尽事宜经协商一致后签订补充协议。但是考虑到上述法律规定，理解与适用本款时应当注意非技术性内容是否涉及权利义务的效力的变更。合同双方要特别注意补充协议的效力以及与其他合同文件发生矛盾时的解释顺序和处理方法。
	四、总监理工程师 总监理工程师姓名：_____，身份证号码：_____，注册号：_____。	本款为新增条款。 本款是关于总监理工程师相关信息的填写。 《建设工程监理合同（示范文本）》（GF—2012—0202）与《建设工程委托监理合同（示范文本）》（GF—2000—0202）相比，强化了建设工程监理及总监理工程师负责制。我国推行建设工程监理人必须授权由总监理工程师全面负责监理合同的履行。《建设工程监理规范》规定："建设工程监理应实行总监理工程师负责制。"总监理工程师是工程监理的内容包括：（1）总监理工程师是工程监理的主体，即总监理工程师是向委托人和委托人所

《建设工程监理合同（示范文本）》 （GF—2012—0202） 第一部分 协议书	《建设工程委托监理合同（示范文本）》 （GF—2000—0202） 第一部分 建设工程委托监理合同	对照解读
		负责任的承担者；（2）总监理工程师是工程监理的权力主体。总监理工程师全面负责建设工程监理工作，包括组织实施项目监理机构，组织实施监理工作，对监理工作进行总结、监督和评价。
		总监理工程师姓名、身份证号码及注册证书号样均应准确填写在本款内，建议预留签名式样及/或执业印章式样，并留存身份证件和相关资格证书、注册执业证书复印件作为本合同附件，总监理工程师应对其真实性、合法性负责。
		根据《建设工程监理规范》的规定，总监理工程师应当是取得国家监理工程师执业资格证书并经注册，同时还应具有三年以上同类工程监理工作经验。
		总监理工程师是监理人委托的具有工程管理经验的全权负责人，主要承担以下职责：（1）确定项目监理机构人员的分工和岗位职责；（2）主持编写项目监理规划、审批项目监理实施细则，负责管理项目监理机构的日常工作，审查分包单位的资质，给发包人及总包单位提出审查意见；（4）检查和监督监理人员的工作，根据工程项目的进展情况进行人员调配，并在实施监理过程中，对不称职的监理人员进行调换；（5）主持项目监理机构的文件和（包括监理工作会议和

《建设工程监理合同（示范文本）》（GF—2012—0202）第一部分 协议书	《建设工程委托监理合同（示范文本）》（GF—2000—0202）第一部分 建设工程委托监理合同	对照解读
五、签约酬金 签约酬金（大写）：_____（¥_____）。 包括： 1. 监理酬金：_____。 2. 相关服务酬金：_____。 其中： （1）勘察阶段服务酬金：_____。		指令；（6）审查承包单位提交的开工报告、施工组织设计、技术方案、进度计划；（7）审查签署承包单位的申请、支付证书和竣工结算；（8）审查和处理工程变更；（9）主持或参与工程质量事故的调查；（10）调解建设单位与承包单位的合同争议、处理索赔，审查工程延期；（11）组织编写并签发监理月报、监理工作阶段报告、专题报告和项目监理工作总结，审查签认分部工程和单位工程的质量检验评定资料，审查承包单位的竣工申请，组织监理人员对待验收的竣工项目进行质量检查，参与工程项目的竣工验收；（13）主持整理工程项目的监理资料。 本款为新增条款。 《建设工程监理合同（示范文本）》（GF—2012—0202）与《建设工程委托监理合同（示范文本）》（GF—2000—0202）相比，细化了酬金的计取和支付方式。 《建设工程监理合同（示范文本）》（GF—2012—0202）将《建设工程委托监理合同（示范文本）》（GF—2000—2002）在"专用条件"中予以了明确的监理报酬放在此"协议书"中予以了明确。 此处明确填写的签约酬金，指的是监理人完

27

《建设工程监理合同（示范文本）》 （GF—2012—0202） 第一部分 协议书	《建设工程委托监理合同（示范文本）》 （GF—2000—0202） 第一部分 建设工程委托监理合同	对照解读
（2）.设计阶段服务酬金：_____。 （3）.保修阶段服务酬金：_____。 （4）.其他相关服务酬金：_____。		成正常工作，委托人应付给监理人的正常工作酬金；并不包括监理人完成的附加工作后的附加工作酬金。 由于建设工程监理与相关服务包括监理人提供的在建设工程各阶段的工程监理服务和勘察、设计、保修、其他阶段建设工程监理与相关服务，因此本款建设工程监理与相关服务酬金也是由施工监理服务酬金和勘察阶段、设计阶段、保修阶段和其他相关服务酬金组成。其他相关服务，如专业技术咨询或是外部协调工作等。 在合同中明确监理服务各个阶段的酬金，有利于保护委托人和监理人双方的合法权益，但在建设工程监理合同的履行过程中，由于所委托监理工程及/或相关服务范围内容有可能发生变更，造成建设工程监理与相关服务工作量增加或减少的，应按合同约定的方法确定增加或减少监理与相关服务酬金，因此委托人与监理人最终结算的监理和相关服务酬金也有可能与此处约定的签约酬金不同。 建设工程监理与相关服务酬金根据建设项目性质不同情况，即监理收费实行政府指导价或市场调节价，分别实行政府指导价的建设或市场调节价的监理收费实行政府指导价；其他建设工程施工阶段的监理收费和其他阶段的监理与相关

《建设工程监理合同（示范文本）》（GF—2012—0202）第一部分　协议书	《建设工程委托监理合同（示范文本）》（GF—2000—0202）第一部分　建设工程委托监理合同	对照解读
		服务收费实行市场调节价。国家规定建设工程监理与相关服务收费采取区别对待的价格形式，原因是依法必须实行监理的建设工程对社会经济发展有较大的影响，大量基础设施建设项目的投资来源主要是各级或政府财政性资金，为了保证监理工作质量，确保建设工程的质量和安全生产，并合理控制工程投资，对这些建设项目的建设工程监理服务实行政府指导价。而非强制监理的工程，一般特点是非国有投资项目，且受资额较小，市场竞争充分、投资主体多元化，建设工程其他阶段的监理与相关服务，服务的内容和深度各不相同，因此委托人与监理人自主确定并实行市场调节价，为委托人与监理人自主确定并实行市场竞争形成成本监理酬金。 另外，对于不同的建设工程监理，其监理酬金的计费方式亦不相同。其中，铁路、水运、公路、水电、水库工程的施工监理服务收费按建筑安装工程费分档定额计费方式计算收费。其他工程的施工监理服务收费按照建设项目工程概算投资额定额计费方式计算收费。其他阶段的相关服务收费一般按相关服务工作所需工日和《建设工程监理与相关服务人员人工日费用标准》收费。

《建设工程监理合同（示范文本）》（GF—2012—0202）第一部分 协议书	《建设工程委托监理合同（示范文本）》（GF—2000—0202）第一部分 建设工程委托监理合同	对照解读
六、期限 1. 监理期限： 自___年___月___日始，至___年___月___日止。 2. 相关服务期限： （1）勘察阶段服务期限自___年___月___日始，至___年___月___日止。 （2）设计阶段服务期限自___年___月___日始，至___年___月___日止。 （3）保修阶段服务期限自___年___月___日始，至___年___月___日止。 （4）其他相关服务期限自___年___月___日始，至___年___月___日止。	本合同自___年___月___日开始实施，至___年___月___日完成。	本款已作修改。 《建设工程监理合同（示范文本）》（GF—2012—0202）将《建设工程委托监理合同（示范文本）》（GF—2000—0202）的监理服务期限区分为监理期限和相关服务期限。 如上款所述，由于建设工程监理与相关服务包括监理服务和相关服务，因此本款亦分别填写各阶段的工程监理服务和勘察、设计、保修和其他阶段的相关服务，明确各相关服务期的开始和完成日期。 本款应明确完成日期。这里填写的监理服务开始实施日期和监理人提供监理服务的开始日期，监理人应按约定日期实施监理工作。完成日期是写监理服务实施的完成和约约定的签约酬金亦是根据本款的监理期限估算。上款约定的签约酬金亦是根据本款的监理期限估算。 如果委托人根据工程实际需要增加监理工作范围或内容，导致需要延长监理服务期限，合同双方可以通过协商，另行签订补充协议，对建设工程监理或相关服务的期限和监理酬金进行明确。 本款填写的是委托监理的估算时间，注意监理服务开始实施日期应在委托工程开工前，完成日期应在委托工程竣工结束后。

30

《建设工程监理合同（示范文本）》（GF—2012—0202）第一部分 协议书	《建设工程委托监理合同（示范文本）》（GF—2000—0202）第一部分 建设工程委托监理合同	对照解读
七、双方承诺 1. 监理人向委托人承诺，按照本合同约定提供监理与相关服务。 2. 委托人向监理人承诺，按照本合同约定派遣相应的人员，提供房屋、资料、设备，并按本合同约定支付酬金。	四、监理人向委托人承诺，按照本合同规定，承担本合同专用条件中议定范围内的监理业务。 五、委托人向监理人承诺按照本合同注明的期限、方式、币种，向监理人支付报酬。	本款未作修改。 为加强履行合同的严肃性，本款是委托人和监理人双方互相作出的承诺。 《建设工程监理合同（示范文本）》（GF—2012—0202）增加监理服务范围和内容作为监理合同的附录A予以明确；提供的设备和设施作为监理合同的附录B予以明确。 委托人与监理人彼此互相向对方承诺按照诚实信用原则履行合同约定的义务。诚实信用是签订和履行合同的基本原则，守信用是市场经济条件下的经营之本，也有助于监理人树立良好社会形象，提高市场竞争能力。
八、合同订立 1. 订立时间：___年__月__日。		本款已作修改。 《建设工程监理合同（示范文本）》（GF—2012—0202）相对《建设工程委托监理合同（示范文本）》（GF—2000—0202），增加约定了合同订立地点，并将合同订立时间提前一并在此位置进行约定。 我国《合同法》第三十二条规定："当事人采用合同书形式订立合同的，自双方当事人签字或者盖章时合同成立。" 合同订立时间，指合同双方签字盖章的时间。如双方不约定合同生效的条件，则合同订立的时间就是合同生效时间。在此应填写完整的年月日。

《建设工程监理合同（示范文本）》（GF—2012—0202）第一部分 协议书	《建设工程委托监理合同（示范文本）》（GF—2000—0202）第一部分 建设工程委托监理合同	对照解读
2. 订立地点：_____。 3. 本合同一式____份，具有同等法律效力，双方各执____份。 委托人：_____（盖章） 住所： 邮政编码： 法定代表人或其授权的代理人：_____（签字） 开户银行： 账号： 电话： 传真： 电子邮箱： 监理人：_____（盖章） 住所： 邮政编码： 法定代表人或其授权的代理人：_____（签字） 开户银行： 账号： 电话： 传真： 电子邮箱：	本合同一式____份，双方各执____份。 委托人：_____（签章） 住所： 法定代表人：_____（签章） 开户银行： 账号： 邮编： 电话： 监理人：_____（签章） 住所： 法定代表人：_____（签章） 开户银行： 账号： 邮编： 电话： 本合同签订于：____年____月____日	合同订立地点，指合同双方签字盖章的地点。在此应填写合同签订所在省（自治区、直辖市）、市、区（县）、街道地址等信息。采用书面形式订立合同，合同约定的签订地与实际签字或者盖章地点不符的，约定的签订地为合同签订地；合同没有约定签订地，双方当事人签字或者盖章的地点、最后签字或者盖章地点为合同签订地。 合同订立份数，双方根据实际需要确定并填写，一般至少应有四份，双方各执两份，一份存档。特别注意的是，有的地方规定建设工程监理合同签订后还须向具有工程管理权限的建设行政主管部门进行备案时，合同份数即相应增加。 本款已作修改。 《建设工程监理合同（示范文本）》（GF—2012—0202）增加双方传真、电子邮箱的信息，同时列出了委托人、监理人双方的地址、电话、开户银行、账号、邮政编码等内容，便于双方通讯联系及资金往来。 建设工程监理合同由委托人、监理人双方法定代表人或其授权的代理人签署姓名（注意不应是个人名章）并加盖单位公章。委托人或其授权的代理人签署的《授权委托书》应作为合同附件之一予以妥善保存。委托人与监理人均应确保载明委托事项准确，以避免发生无权代理的法律后果。

备注

备　注

第二部分

《建设工程监理合同（示范文本）》（GF—2012—0202）

"通用条件"

与

《建设工程委托监理合同（示范文本）》（GF—2000—0202）

"标准条件"

对照解读

《建设工程监理合同（示范文本）》（GF—2012—0202）第二部分 通用条件	《建设工程委托监理合同（示范文本）》（GF—2000—0202）第二部分 标准条件	对照解读
定义与解释 **1. 定义** **1.1 定义** 除根据上下文另有其意义外，组成本合同的全部文件中的下列名词和用语应具有本款所赋予的含义： **1.1.1** "工程" 是指按照本合同约定实施监理与相关服务的建设工程。	**词语定义、适用范围和法规** **第一条** 下列名词和用语，除上下文另有规定外，有如下含义： （1）"工程" 是指委托人委托实施监理的工程。	本款已作修改。 《建设工程监理合同（示范文本）》（GF—2012—0202）将《建设工程委托监理合同（示范文本）》（GF—2000—0202）第二部分的文件名称由"标准条件"修改为"通用条件"，符合国际通行做法。 《建设工程监理合同（示范文本）》（GF—2012—0202）增加约定"监理"、"相关服务"、"正常工作酬金"、"附加工作酬金"、"一方"、"双方"、"第三方"、"书面形式"和"不可抗力"共10个关键用语。本款中的名词和用语为建设工程监理合同通常使用词语的通常含义，不一定是该词语对建设工程监理合同通常含义。该"定义"在本建设工程监理合同专用条件中只具有它们在此被赋予的含义，委托人和监理人可在"专用条件"中增添新的词语定义，但不允许对本款词语重新定义，从而保证词语在合同中含义的一致性。 另外，还有以下修改和增加之处： （1）在"工程"定义里增加附录A里所明确的"相关服务"的监理内容，使监理的服务内容扩大化。

37

《建设工程监理合同（示范文本）》（GF—2012—0202）第二部分 通用条件	《建设工程委托监理合同（示范文本）》（GF—2000—0202）第二部分 标准条件	对照解读
1.1.2 "委托人" 是指本合同中委托监理与相关服务的一方，及其合法的继承人或受让人。	（2）"委托人" 是指承担直接投资责任和委托监理业务的一方以及其合法继承人。	（2）"委托人" 定义删除了需委"承担直接投资责任"的条件，不再将委托人承担责任能力作为签订合同的条件，增加"委托人合法的继承人或受让人"可以成为委托监理人的一方当事人。 这里所指的"继承人"并不是我国《继承法》中所规定的继承，而应当根据《合同法》的有关规定来理解。根据《合同法》第九十条的规定："当事人订立合同后合并的，由合并后的法人或者其他组织行使合同权利，履行合同义务。当事人订立合同后分立的，除债权人和债务人另有约定的以外，由分立的法人或者其他组织对合同的权利和义务享有连带债权，承担连带债务"。因此，委托人的合法继承人，主要包括以下几种情况：（1）委托人订立合同后与其他民事主体合并，新成立的民事主体为委托人的合法继承人；（2）委托人加入其他民事主体，委托人的民事主体被兼并入其他民事主体，委托人订立合同后主体为委托人的合法继承人；（3）委托人订立合同后分立成两个或多个民事主体，分立后承担合同权利义务的民事主体为委托人的合法继承人；（4）委托人将合同义务转让给第三人，该第三人作为委托人的合法继承人；（5）其他形式的合法继承人。下述定义中"合法继承人"的理解与此相同。

《建设工程监理合同（示范文本）》（GF—2012—0202）第二部分 通用条件	《建设工程委托监理合同（示范文本）》（GF—2000—0202）第二部分 标准条件	对照解读
1.1.3 "监理人" 是指本合同中提供监理与相关服务的一方，及其合法的继承人。	（3） "监理人" 是指承担监理业务和监理责任的一方，以及其合法继承人。	（3） "监理人" 定义删除了监理责任"监理人"的条件，也不再将监理责任作为能承担监理责任作为签订合同的前提条件。 本款定义未对监理人的资质作出要求，只有属于强制监理范围的才应当委托具有相应资质的监理单位提供监理服务。我国法律规定下列工程必须实行监理：①国家重点建设工程；②大中型公用事业工程；③成片开发的住宅小区工程；④利用外国政府或者国际组织资金、援助资金的工程；⑤国家规定必须实行监理的其他工程。所谓大中型公用事业工程是指项目总投资3000万元以上的市政公用工程、科教文化项目、体育旅游商业项目、卫生社会福利项目、住宅项目是指5万平方米以上的小区、高层住宅和结构复杂的多层住宅也必须监理。
1.1.4 "承包人" 是指在工程范围内与委托人签订勘察、设计、施工等有关合同的当事人，及其合法的继承人。	（6） "承包人" 是指除监理人以外，委托人就工程建设有关事宜签订合同的当事人。	（4） "承包人" 定义，因监理人提供的工程监理服务，以及在勘察、设计、保修等阶段提供的相关服务，因此这里承包人就包括了与发包人签订勘察、设计、施工等相关合同的当事人，增加了"承包人合法的继承人"可以成为监理人的一方当事人。
1.1.5 "监理" 是指监理人受委托人的委托，依照法律法规、工程建设标准、勘察设计文件及合同，在施工阶段对建设工程质量、进		（5） 《建设工程监理合同（示范文本）》（GF—2012—0202）增加"监理"的定义，明确了监理的实施依据，内涵和范围，即主要依

对照解读	《建设工程委托监理合同（示范文本）》（GF—2000—0202）第二部分 标准条件	《建设工程监理合同（示范文本）》（GF—2012—0202）第二部分 通用条件
据包括：（1）法律法规；（2）工程建设标准及勘察设计文件；（3）合同文件。我国《建筑法》第三十二条规定："建筑工程监理应当依照法律、行政法规及有关的技术标准，设计文件和建筑工程承包合同，对承包单位在施工质量、建设工期和建设资金使用等方面，代表建设单位实施监督。" 监理的内涵和范围包括：（1）建设工程施工管理，施工管理中心任务是对施工阶段的质量、进度、造价三大目标的控制管理；（2）建设工程信息管理；（3）建设工程合同管理。通过对四大监理内容的管理，最大限度保证建设工程的质量和使用安全，有利于实现工程建设投资效益最大化。 （6）《建设工程监理合同》（GF—2012—0202）增加"相关服务"定义，与1.1.5款"监理"定义作了区分，明确了监理人对建设工程的勘察、设计、保修等各个阶段提供服务，扩大了正常的监理工作范围。 （7）"正常工作"的定义，是"通用条件"和"专用条件"中约定的委托监理工作的范围和内容，属于正常工作内容。 （8）《建设工程监理合同》（GF—2012—0202）将《建设工程委托监理合同		度，造价进行控制，对合同、信息进行管理，对工程建设相关方的关系进行协调，并履行建设工程安全生产管理法定职责的服务活动。 **1.1.6 "相关服务"** 是指监理人受委托人的委托，按照本合同约定，在勘察、设计、保修等阶段提供的服务活动。 **1.1.7 "正常工作"** 指本合同订立时通用条件和专用条件中约定的监理人的工作。 **1.1.8 "附加工作"** 是指本合同约定的正常工作以外监理人的工作。

40

《建设工程监理合同（示范文本）》（GF—2012—0202）第二部分 通用条件	《建设工程委托监理合同（示范文本）》（GF—2000—0202）第二部分 标准条件	对照解读
	增加的工作内容；②由于委托人或承包人原因，使监理工作受到延误或阻碍而增加工作量或持续时间而增加的工作。	（示范文本）》（GF—2000—0202）中的"附加工作"和"额外工作"合并为"附加工作"。 "附加工作"属于订立合同时未能或不能合理预见，而在合同履行过程中发生需要监理人完成的工作。"附加工作"是与合同"正常工作"相关的、在委托监理工作范围以外监理人应完成的工作。附加工作通常包括： ①由于委托人、第三方原因，使监理工作受到阻碍或延误，以致增加了工作量或延续时间； ②增加监理工作的范围和内容。如由于委托人或承包人的原因，承包合同不能按期竣工，或由于委托人委托新工艺施工部分编制质量检测合格标准等均属于附加监理工作的范围。 对"正常工作"和"附加工作"进行区分是十分必要的。监理人提供了监理工作必然应得到相应的报酬，而报酬如何计算以及多少也是委托人十分关心的问题。监理工作是属于正常工作范围内，还是属于附加工作，对报酬的影响是不相同的，因此必须从定义上予以明确区定。
	（9）"工程监理的额外工作"是指正常工作和附加工作以外，根据第三十八条规定监理人必须完成的工作，或非监理人自己的原因而暂停或终止监理业务，其善后工作及恢复监理业务的工作。	（9）《建设工程监理合同（示范文本）》（GF—2012—0202）在此删除了"工程监理的额外工作"定义，将此定义从事的工作视为"附加工作"，恢复监理业务的善后工作及随后工作及定。

41

《建设工程监理合同（示范文本）》（GF—2012—0202）第二部分 通用条件	《建设工程委托监理合同（示范文本）》（GF—2000—0202）第二部分 标准条件	对照解读
1.1.9 "项目监理机构" 是指监理人派驻工程负责履行本合同的组织机构。	（4）"监理机构" 是指监理人派驻本工程现场实施监理业务的组织。	（10）"项目监理机构"，监理人与委托人签订建设工程监理合同后，在实施建设工程监理之前，应组建项目监理机构，实施工程监理。项目监理机构是监理单位为履行建设工程监理合同而设立的临时组织机构，随着工程项目监理服务的结束而撤消。项目监理机构的组织结构形式和规模，应根据建设工程监理合同约定的服务内容、服务期限、工程类别、规模、技术复杂程度以及工程环境等因素确定，但应满足建设工程监理与相关服务的需要。
1.1.10 "总监理工程师" 是指由监理人的法定代表人书面授权，全面负责履行本合同、主持项目监理机构工作的注册监理工程师。	（5）"总监理工程师" 是指经委托人同意，监理人派到监理机构全面履行本合同的全权负责人。	（11）《建设工程监理合同（示范文本）》（GF—2012—0202）对"总监理工程师"的定义更严格，删除了《建设工程委托监理合同（示范文本）》（GF—2000—0202）需要"经委托人同意"的条件，而是强调授权的主体必须是"监理人的法定代表人"，且要求是书面授权；删除了"全权负责人"，而是强调总监理工程师由"注册监理工程师"担任，对总监理工程师有市场准入的限制。总监理工程师对外代表监理单位，对内负责项目监理机构日常工作。
1.1.11 "酬金" 是指委托人按照本合同约定支付给付监理人的义务，委托人按照本合同约定支付给付监理人的金额。		（12）《建设工程监理合同（示范文本）》（GF—2012—0202）增加"酬金"的定义，包括正常工作酬金、附加工作酬金、合理化建议奖励金额及费用。

对照解读	《建设工程委托监理合同（示范文本）》（GF—2000—0202）第二部分 标准条件	《建设工程监理合同（示范文本）》（GF—2012—0202）第二部分 通用条件
（13）《建设工程监理合同（示范文本）》（GF—2012—0202）增加"正常工作酬金"的定义，包括建设工程监理酬金和相关服务阶段酬金，相关服务阶段包括勘察阶段、设计阶段、保修阶段及其他咨询或外部协调等服务阶段酬金。		**1.1.12** "正常工作酬金" 是指监理人完成正常工作，委托人应给付监理人并在协议书中载明的签约酬金额。
（14）《建设工程监理合同（示范文本）》（GF—2012—0202）增加"附加工作"的定义，应与"附加工作"定义相结合理解。		**1.1.13** "附加工作酬金" 是指监理人完成附加工作，委托人应给付监理人的金额。
（15）《建设工程监理合同（示范文本）》（GF—2012—0202）增加"一方"、"双方"和"第三方"的定义，明确了各参与各主体。实践中"第三方"通常包括勘察单位、设计单位、施工单位和材料设备供应单位等。		**1.1.14** "一方" 是指委托人或监理人；"双方" 是指委托人和监理人；"第三方" 是指除委托人和监理人以外的有关方。
（16）《建设工程监理合同（示范文本）》（GF—2012—0202）增加"书面形式"的定义，与我国《合同法》的规定完全相同。《合同法》第十一条规定："书面形式是指合同书、信件和数据电文（包括电报、电传、传真、电子数据交换和电子邮件）等可以有形地表现所载内容的形式。"注意《合同法》第三十六条的规定："法律、行政法规规定或者当事人约定采用书面形式		**1.1.15** "书面形式" 是指合同书、信件、电报、电传、传真、电子数据交换和电子邮件等可以有形地表现所载内容的形式。

《建设工程监理合同（示范文本）》 （GF—2012—0202） 第二部分 通用条件	《建设工程委托监理合同（示范文本）》 （GF—2000—0202） 第二部分 标准条件	对照解读
		订立合同，当事人未采用书面形式但一方已经履行主要义务，对方接受的，该合同成立。
1.1.16 "天"是指第一天零时至第二天零时的时间。	**(10)** "日"是指任何一天零时至第二天零时的时间段。	(17) 对"日"、"月"的定义未作修改。 对"日"、"月"的定义，属于期间的概念。根据我国《民法通则》第一百五十四条的规定，规定按照小时计算期间的，从规定时开始计算。规定按照日、月、年计算期间的，开始的当天不算入，从下一天开始计算。期间的最后一天是星期日或者其他法定休假日的，以休假日的次日为期间的最后一天。期间的最后一天的截止时间为二十四点。有业务活动的，到停止业务活动的时间截止。此外，我国《民法通则》期间中的"以上"、"以下"、"以内"、"届满"等都包括本数；而"不满"、"以外"则不包括本数。
1.1.17 "月"是指按公历从一个月中任何一天开始的一个公历月时间。	**(11)** "月"是指根据公历从一个月份中任一天开始到下一个月份相应日期的前一天的时间段。	期间不仅对于进度控制十分重要，且违约责任的认定也往往以此为重要依据。
1.1.18 "不可抗力"是指委托人和监理人在订立本合同时不可预见，在工程施工过程中不可避免并不能克服的自然灾害和社会性突发事件，如地震、海啸、瘟疫、水灾、骚乱、暴动、战争和专用条件约定的其他情形。		(18)《建设工程监理合同（示范文本）》（GF—2012—0202）增加"不可抗力"的定义，在发生违约情形时，不可抗力是唯一的法定免责事由。我国《民法通则》第一百零七条规定："因不可抗力不能履行合同或者造成他人损害的，不承担民事责任，法律另有规定的除外。"同时该法第一百五十三条规定："本法所

《建设工程监理合同（示范文本）》（GF—2012—0202）第二部分 通用条件	《建设工程委托监理合同（示范文本）》（GF—2000—0202）第二部分 标准条件	对照解读
		称的"不可抗力"，是指不能预见、不能避免并不能克服的客观情况。根据我国《合同法》第九十四条的规定，因不可抗力致使不能实现合同目的时，当事人可以解除合同。同时该法第一百一十七条规定："因不可抗力不能履行合同的，根据不可抗力的影响，部分或者全部免除责任，但法律另有规定的除外。当事人迟延履行后发生不可抗力的，不能免除责任。本法所称不可抗力，是指不能预见、不能避免并不能克服的客观情况。" 从上述法律规定可以看出，不可抗力是有的自然现象或者社会现象，不受当事人意志左右。可以构成不可抗力的事由必须同时具备三个特征：①不可抗力是当事人不能预见的事件。能否"预见"取决于预见，应以现有的科学技术水平和一般人的预见能力为标准。"不能预见"是当事人的注意义务或者疏忽大意您到了最大务力仍然没有预见。②不可抗力是当事人不能避免并不能克服的发服的事件。也就是说，对于不可抗力发生的结果，当事人即使尽了最大务力不能避免，也不能克服。不可抗力不为当事人的意志和行为所左右，所谓不能避免，或者虽尽不能避免但是能够克制。如果某事件的发生能够避免，或者虽然不能避免但是能够克服，

《建设工程监理合同（示范文本）》（GF—2012—0202）第二部分 通用条件	《建设工程委托监理合同（示范文本）》（GF—2000—0202）第二部分 标准条件	对照解读
		也不能构成不可抗力。③不可抗力是一种阻碍合同履行的客观情况，凡是不能预见，不能避免并不能克服的客观情况均属于不可抗力的范围，主要包括自然灾害和社会事件。对于不可抗力范围的确定，目前世界上有两种立法体例：一种是以明确规定属于不可抗力的事件，即只有相关法律明确列举的不可抗力事件发生时，当事人才能以不可抗力作为抗辩事由并免除相应的责任；另一种则是采取原则性的规定，并不明确列举不可抗力事件的种类。我国《合同法》的规定即属于后者。
	第二条 建设工程委托监理合同适用的法律是指国家的法律、行政法规，以及专用条件中议定的部门规章或工程所在地的地方法规、地方规章。	《建设工程监理合同（示范文本）》（GF—2012—0202）已将本款删除。
1.2 解释 **1.2.1** 本合同使用中文书写、解释和说明。如专用条件约定使用两种和以上语言文字时，应以中文为准。	第三条 本合同文件使用汉语语言文字书写、解释和说明。如专用条件约定使用两种和以上（含两种）语言文字时，汉语应为解释和说明本合同的标准语言文字。	本款已作修改，有新增加条款。 在发包人（业主）是外方或聘外国项目管理公司作为监理人（咨询机构）等的情况下，可能要签订相应的外文版本合同。考虑到相应的原文与译文可能会存在误差导致对某些条款甚至个别词语理解不一致，事先约定以中文版本为准有利于风险的控制。

《建设工程监理合同（示范文本）》（GF—2012—0202）第二部分 通用条件	《建设工程委托监理合同（示范文本）》（GF—2000—0202）第二部分 标准条件	对照解读
1.2.2 组成本合同的下列文件彼此应能相互解释，互为说明。除专用条件另有约定外，本合同文件的解释顺序如下： （1）协议书； （2）中标通知书（适用于招标工程）或委托书（适用于非招标工程）； （3）专用条件及附录 A、附录 B； （4）通用条件； （5）投标文件（适用于招标工程）或监理相关服务建议书（适用于非招标工程）。 双方签订的补充协议与其他文件发生矛盾或歧义时，属于同一类内容的文件，应以最新签署的为准。		《建设工程监理合同（示范文本）》（GF—2012—0202）增加 1.2.2 款 "合同文件的优先解释顺序"。 由于合同文件形成的时间比较长，参与编制的人数众多，客观上不可避免地会在合同各文件之间出现一些不一致，甚至矛盾的内容。 如果发生合同文件内容不一致的情形，则需要明确究竟以哪个文件内容为准。合同文件的前后时间以及无法确定立时间的情形下，约定合同文件的解释顺序就显得尤为重要。 本款约定了在合同组成文件产生矛盾时的处理方法，即"协议书"优先于"中标通知书（适用于招标工程）或委托书（适用于非招标工程）"；"中标通知书"优先于"专用条件"及附录 A、附录 B；"专用条件"、"通用条件"或监理服务建议书优先于投标文件（适用于招标工程）或相关服务建议书（适用于非招标工程）。 本款为示例，合同双方提供了合同文件的优先解释顺序可根据工程实践和合同管理的需要在"专用条件"中对合同文件的优先解释顺序进行调整，但不得违反有关法律的规定。

《建设工程监理合同（示范文本）》 （GF—2012—0202） 第二部分　通用条件	《建设工程委托监理合同（示范文本）》 （GF—2000—0202） 第二部分　标准条件	对照解读
		在此合同双方均需特别注意：本款明确了在合同履行中双方共同签订的补充协议的合同效力，且在效力等级上将其提及到最高地位。

《建设工程监理合同（示范文本）》（GF—2012—0202）第二部分 通用条件	《建设工程委托监理合同（示范文本）》（GF—2000—0202）第二部分 标准条件	对照解读
2. 监理人的义务	监理人义务	
2.1 监理的范围和工作内容		
2.1.1 监理范围在专用条件中约定。		本款为新增条款。 《建设工程监理合同（示范文本）》（GF—2012—0202）相对《建设工程委托监理合同（示范文本）》（GF—2000—0202）强调了监理人和委托人双方的义务。 2.1.1款、2.1.3款约定建设工程监理合同的监理范围和相关服务的范围是监理人为委托人提供服务的范围。在我国目前的监理的服务范围包括两个方面：（1）工程类别，其范围确定为各类土木工程、建筑工程、线路管道工程、设备安装工程和装修工程；（2）工程建设阶段，其范围确定为工程建设投资决策阶段、勘察设计招投标与勘察设计阶段、施工招投标与施工阶段（包括设备采购与制造和工程质量保修）。 委托人委托监理业务的范围可以非常广泛。从工程建设各阶段来说，可以是包含工程勘察、设计、施工、保修各阶段的全部监理工作或某一阶段的监理工作。而在每一阶段内，又可以进行质量、进度、造价等监理工作，以及信息和合同管理。委托人可根据工程的特点，监理人的能力，将委托的监理范围在各阶段的监理任务等多方面因素，在专用条件中详细约定。

《建设工程监理合同（示范文本）》 （GF—2012—0202） 第二部分 通用条件	《建设工程委托监理合同（示范文本）》 （GF—2000—0202） 第二部分 标准条件	对照解读
2.1.2 除专用条件另有约定外，监理工作内容包括： （1）收到工程设计文件后编制监理规划，并在第一次工地会议7天前报委托人。根据有关规定和监理工作需要，编制监理实施细则； （2）熟悉工程设计文件，并参加由委托人主持的图纸会审和设计交底会议； （3）参加由委托人主持的第一次工地会议；主持监理例会并根据工程需要主持或参加专题会议； （4）审查施工承包人提交的施工组织设计，重点审查其中的质量安全技术措施、专项施工方案与工程建设强制性标准的符合性； （5）检查施工承包人工程质量、安全生产管理制度及组织机构和人员资格； （6）检查施工承包人专职安全生产管理人员的配备情况； （7）审查施工承包人提交的施工进度计划，核查承包人对施工进度计划的调整； （8）检查施工承包人的试验室； （9）审核施工分包人资质条件； （10）查验施工承包人的施工测量放线成果； （11）审查工程开工条件，对条件具备的签发开工令；		**2.1.2** 款对监理工作所包含的基本内容共22项进行了详细列举，委托人与监理人还可在"专用条件"中进一步补充约定。 监理工作内容可以基本概括为合同管理、质量控制、进度控制、投资控制四个方面。 建设工程监理与相关服务的基本工作内容根据不同阶段也可以概括为： （1）勘察阶段的基本工作内容：1）协助发包人编制勘察要求，选择勘察单位；2）核查勘察方案并监督实施@督察进行相应的控制；3）参与验收勘察成果。 （2）设计阶段的基本工作内容：1）协助发包人编制设计要求，选择设计单位；2）组织评选设计方案；3）对各设计单位进行协调管理；4）监督合同履行；5）审查设计进度计划并监督实施；6）检查设计大纲和设计深度，使用技术规范设计合理性；7）提出设计评估报告（包括各阶段设计审查的检查意见和优化建议）；8）协助审核设计概算。 （3）施工阶段的基本工作内容：1）施工过程中的质量、进度、费用控制；2）安全生产监督管理，合同、信息等方面的协调管理。 （4）保修阶段的基本工作内容：1）检查和记录工程质量缺陷；2）对缺陷原因进行调查分析并确定责任归属；3）审核修复方案；4）监督修复过程并验收；5）审核修复费用。

《建设工程监理合同（示范文本）》（GF—2012—0202）第二部分 通用条件	《建设工程委托监理合同（示范文本）》（GF—2000—0202）第二部分 标准条件	对照解读
（12）审查施工承包人报送的工程材料、构配件、设备质量证明文件的有效性和符合性，并按规定对用于工程的材料采取平行检验或见证取样方式进行抽检； （13）审核施工承包人提交的工程款支付申请，签发或出具工程支付证书，并报委托人审核、批准； （14）在巡视、旁站和检验过程中，发现工程质量、施工安全存在事故隐患的，要求施工承包人整改并报委托人； （15）经委托人同意，签发工程暂停令和复工令； （16）审查施工承包人提交的采用新材料、新工艺、新技术、新设备的论证材料及相关验收标准； （17）验收隐蔽工程、分部分项工程； （18）审查施工承包人提交的工程变更申请，协调处理施工进度调整、费用索赔、合同争议等事项； （19）审查施工承包人提交的竣工验收申请，编写工程质量评估报告； （20）参加工程竣工验收，签署竣工验收意见； （21）审查施工承包人提交的竣工结算申请并报委托人； （22）编制、整理工程监理归档文件并报委托人。		其中，施工阶段的监理工作内容是建设工程监理工作的重点，对于在施工阶段的监理工作内容，有明确的法律地位和法律责任。《建筑法》、《建设工程质量管理条例》和《建设工程安全生产管理条例》均明确了工程监理单位的职责、工作内容和法律责任。 《建筑法》第三十二条规定，建筑工程监理应当依照法律、行政法规及有关的技术标准、设计文件和建筑工程承包合同，对承包单位在施工质量、建设工期和建设资金使用等方面，代表建设单位实施监督。 《建设工程质量管理条例》第三十六条规定，工程监理单位应当依照法律、法规以及有关技术标准、设计文件和建设工程承包合同，代表建设单位对施工质量实施监理，并对施工质量承担监理责任。 《建设工程安全生产管理条例》第十四条规定，工程监理单位应当审查施工组织设计中的安全技术措施或者专项施工方案是否符合工程建设强制性标准。工程监理单位和监理工程师应当按照法律、法规和工程建设强制性标准实施监理，并对建设工程安全生产承担监理责任。 《建设工程监理规范》按照采购监造等阶段对建设工程监理工作在施工、设备采购监造等阶段的具体工作内容也作了详细规定。 施工阶段的监理工作内容必须要执行并满足国家和行业相关的要求。

《建设工程监理合同（示范文本）》（GF—2012—0202）第二部分　通用条件	《建设工程委托监理合同（示范文本）》（GF—2000—0202）第二部分　标准条件	对照解读
2.1.3 相关服务的范围和内容在附录A中约定。 **2.2 监理与相关服务依据** **2.2.1** 监理依据包括： （1）适用的法律、行政法规及部门规章； （2）与工程有关的标准； （3）工程设计及有关文件； （4）本合同及委托人与第三方签订的与实施工程有关的其他合同。 双方根据工程的行业和地域特点，在专用条件中具体约定监理依据。		2.1.3 款委托人与监理人约定监理人提供的在建设工程勘察、设计、保修等阶段的相关服务的范围和内容，应在附录A中进一步明确约定。 本款为新增条款。 2.2.1 款是关于监理人实施建设工程监理的依据约定。 本款对监理服务的主要依据列举了四项，是适用于各类工程的通用标准。委托人与监理人还可根据监理工程的行业和地域特点，在"专用条件"中对监理依据进一步作出补充约定。 在监理依据中： 第（1）项约定的"适用的法律、行政法规及部门规章"，监理人在从事工程监理活动时必须遵守。监理人应当依照法律、行政法规及部门规章的规定，对承包人实施监督。对委托人违反法律、行政法规及部门规章的要求，监理人应当予以拒绝； 第（2）项约定的"与工程有关的标准"，主要是指工程技术标准，指的是在工程建设中各类工程的勘察、规划、设计、施工、安装及验收等需要协调统一的事项而制定的标准。其中，强制性标准是监理人必须执行的标准。工程技术标准分为强制性标准和推荐性标准。

《建设工程监理合同（示范文本）》（GF—2012—0202）第二部分　通用条件	《建设工程委托监理合同（示范文本）》（GF—2000—0202）第二部分　标准条件	对照解读
		准；而推荐性标准是合同双方自愿采用的标准。但若合同双方协商一致在合同中确定的推荐性标准，也必须予以执行。 第（1）、（2）项主要包括《建筑法》、《合同法》、《招标投标法》、《招标投标法实施条例》、《建设工程质量管理条例》、《建设工程安全生产管理条例》、《民用建筑节能条例》、《建设工程监理规范》等以及相关的工程技术标准、规范、规程； 第（3）项约定的"工程设计及有关文件"，是建设工程施工及监理人实施工程监理的依据，监理人应按照工程设计及有关文件对施工活动进行监督管理。主要包括：批准的可行性研究报告、建设项目选址意见书、建设用地规划许可证、建设工程规划许可证、批准的施工图设计文件、施工许可证等； 第（4）项约定的"本合同及委托人与第三方签订的与实施工程有关的其他合同"，主要包括：建设工程监理合同、建设工程施工合同、勘察合同、设备采购合同、咨询合同等。监理人应当依据前述各类合同监督各相关单位是否全面履行合同约定的义务。 2.2.2款监理人实施建设工程相关监理服务的依据，由委托人与监理人在"专用条件"中进一步补充明确。
2.2.2　相关服务依据在专用条件中约定。		

53

《建设工程监理合同（示范文本）》（GF—2012—0202）第二部分 通用条件	《建设工程委托监理合同（示范文本）》（GF—2000—0202）第二部分 标准条件	对照解读
2.3 项目监理机构和人员 **2.3.1** 监理人应组建满足工作需要的项目监理机构，配备必要的检测设备。项目监理机构的主要人员应具有相应的资格条件。	**第四条** 监理人按合同约定派出监理工作需要的监理机构及监理人员，向委托人报送委派的总监理工程师及其监理机构主要成员名单，完成监理合同专用条件中约定的监理规划，监理工程范围内的监理业务。在履行合同义务期间，应按合同约定定期向委托人报告监理工作。	本款已作修改，有新增加条款。 《建设工程监理合同（示范文本）》（GF—2012—0202）增加 2.3.1 款对满足工程监理需要的"项目监理机构"的组建要求、配备必要的检测设备，且对项目监理机构的主要人员有资格条件的限制。 项目监理机构的组成应符合"适应"、"精简"、"高效"的原则。项目监理机构中主要监理人员的数量和专业检测设备应根据监理任务范围、内容、期限、技术复杂程度、工程环境等因素综合考虑，并应符合建设工程监理合同中对监理深度和密度的要求，能体现监理目标控制的素质，满足监理目标控制的要求。监理人员的数量可随施工进展情况作相应的调整。一般不少于 3 人。监理不同阶段施工进度监理工作的需要，从而满足建设工程监理工作的需要。 根据《建设工程监理规范》中的规定，项目总监理工程师应由具有三年以上同类工程监理工作经验的人员担任；总监理工程师代表应由具有监理工作经验的、具有两年以上同类工程监理工作经验的人员担任；专业监理工程师应由具有一年以上同类工程监理工作的人员担任，且项目监理机构的监理人员应与专业配套、数量满足建设工程监理工作的需要。

《建设工程监理合同（示范文本）》（GF—2012—0202）第二部分 通用条件	《建设工程委托监理合同（示范文本）》（GF—2000—0202）第二部分 标准条件	对照解读
2.3.2 本合同履行过程中，总监理工程师及重要岗位监理人员应保持相对稳定，以保证监理工作正常进行。		《建设工程监理合同（示范文本）》（GF—2012—0202）增加2.3.2款对总监理工程师及重要岗位监理人员的限制约定。 为了保证监理工作的顺利进行，监理人应尽量保证总监理工程师及其重要岗位监理人员常驻现场，且相对稳定。
2.3.3 监理人可根据工程进展和工作需要调整监理机构人员。监理人更换总监理工程师时，应提前7天向委托人书面报告，经委托人同意后方可更换；监理人更换项目监理机构其他监理人员，应以相当资格与能力的人员替换，并通知委托人。		《建设工程监理合同（示范文本）》（GF—2012—0202）增加2.3.3款对更换总监理工程师和监理人员时的程序约定。 在建设工程监理过程中，总监理工程师使建设工程监理合同所赋予监理人的权利行使，全面负责受委托的监理工作，处于非常核心的地位，更换对于双方来讲都是一项重要的决定。因此，对于更换总监理工程师，本款作了时间和条件的限制，即需要提前向委托人报告，且经委托人同意后方可更换。若需要更换主要管理人员时，应用相当资格和类似经历的人员替换，并及时通知委托人。
2.3.4 监理人员应及时更换有下列情形之一的监理人员： (1) 严重过失行为的； (2) 有违法行为不能履行职责的； (3) 涉嫌犯罪的； (4) 不能胜任岗位职责的；		《建设工程监理合同（示范文本）》（GF—2012—0202）增加2.3.4款对监理人员的情形。 我国将监理人员分为四类，即总监理工程师、总监理工程师代表、专业监理工程师和监理员。

《建设工程监理合同（示范文本）》（GF—2012—0202）第二部分 通用条件	《建设工程委托监理合同（示范文本）》（GF—2000—0202）第二部分 标准条件	对照解读
（5）严重违反职业道德的； （6）专用条件约定的其他情形。 **2.3.5** 委托人可要求监理人更换不能胜任本职工作的项目监理机构人员。		在监理工作期间，监理人员必须遵守监理工作的职业道德和行为规范，运用合理的技能提供优质的服务；应坚持"守法、诚信、公正、科学"的原则，勤奋、高效、独立自主地开展监理服务，维护委托人的合法权益。 委托人与监理人员还可协商一致在"专用条件"中约定更换监理人员的其他情形。当监理人员出现约定的更换情形时，监理人应及时予以更换，以保证工程建设各方的合法权益。 《建设工程监理合同（示范文本）》（GF—2012—0202）增加 2.3.5 款委托人有要求监理工作的项目监理机构人员更换不能胜任本职工作的项目监理机构人员的权利。 监理人员在履行合同的义务期间，应运用合理的技能认真勤奋地工作，公正地维护有关各方的合法权益。当委托人发现监理人员不按监理合同的约定履行监理职责，或与承包人串通给委托人或工程造成损失时，委托人有权要求监理人更换不称职的监理人员，直至终止合同并要求监理人承担相应赔偿责任或连带赔偿责任。 我国《建筑法》第三十五条规定："工程监理单位不按照委托监理合同的约定履行监理义务，对应当监督检查的项目不按照规定检查，给建设单位造成损失的，应当承担

《建设工程监理合同（示范文本）》（GF—2012—0202）第二部分　通用条件	《建设工程委托监理合同（示范文本）》（GF—2000—0202）第二部分　标准条件	对照解读
2.4　履行职责 监理人应遵循职业道德准则和行为规范，严格按照法律法规、工程建设有关标准及本合同履行职责。		本款已作修改。 监理人应本着"严格监理、优质服务、公正科学、廉洁自律"的原则，按照监理合同及相关法律法规、标准法规、标准进行监理服务，公正地进行监理服务。 监理人提供的监理与相关服务：（1）应当符合国家有关法律法规和监理标准规范，这是对监理人提供监理服务的基本要求；（2）应当满足合同约定的服务内容和质量等的要求，这是监理人与委托人签订建设工程监理合同后，即应切实履行自己的义务。 遵循我国《合同法》第六十条的规定："当事人应当按照合同约定全面履行自己的义务。" 《建设工程监理规范》对总监理工程师、总监理工程师代表、专业监理工程师和监理员各自应履行的职责进行了明确规定，应严格遵守。
2.4.1　在监理与相关服务范围内，委托人和承包人应及时提出处置意见。监理人应对方的意见和要求，出处置意见。当委托人与承包人之间合同发生争议时，监理人应协助委托人、承包人协商解决。	**第五条**　监理人在履行本合同的义务期间，应认真、勤奋地工作，为委托人提供与其水平相适应的咨询意见，公正维护各方面的合法权益。	《建设工程监理合同（示范文本）》（GF—2012—0202）在本款明确了监理人的工作原则。
	第十九条　在委托的工程范围内，委托人或承包人对对方的任何意见和要求（包括索赔要求），均必须首先向监理机构提出，由监理机构研究处置意见，再同双方协商确定。当委托人和承包人发生争议时，监理机构应根据自己的职责，在委托的工程范围内，公正地协调处理。	监理人员在工程建设中有其特殊的地位，对发生在工程建设过程中的各类纠纷和工序有所提出处置意见和协商的权利。即在委托工程范 相应的赔偿责任。工程监理单位与承包单位串通，为承包单位谋取非法利益，给建设单位造成损失的，应当与承包单位承担连带赔偿责任。"

《建设工程监理合同（示范文本）》（GF—2012—0202）第二部分 通用条件	《建设工程委托监理合同（示范文本）》（GF—2000—0202）第二部分 标准条件	对照解读
2.4.2 当委托人与承包人之间的合同争议提交仲裁机构仲裁或人民法院审理时，监理人应提供必要的证明资料。	职能，以独立的身份判断，公正地进行调解。当双方的争议由政府建设行政主管部门调解或仲裁机关仲裁时，应当提供作证证的事实材料。	围内，委托人或承包人对对方的任何意见和要求，包括索赔要求，均必须首先向监理人提出，由监理人研究处置并商确定。以相监理人员委以己双方向服务的实际行动，协商好与各有关单位的关系，互理解为前提，圆满完成监理工作。 根据《建设工程监理规范》的规定，对于委托人与承包人在履行合同过程中出现的争议，项目监理机构应进行如下工作：（1）及时了解合同争议的全部情况，包括进行调查和取证；（2）及时与合同的双方进行磋商；（3）在项目监理机构提出调解方案后，由总监理工程师进行争议调解；（4）当调解未能达成一致时，总监理工程师应在施工合同规定的期限内提出处理该合同争议的意见；（5）在争议调解过程中，除已达到了施工合同规定的暂停履行合同的条件之外，项目监理机构应要求施工合同的双方继续履行施工合同。 当委托人与承包人之间发生争议，在合同争议的仲裁或诉讼过程中，监理人接到仲裁机关或法院要求提供有关证据的通知后，应公正地向仲裁机关或法院提供与争议有关的证明资料。
2.4.3 监理人应在专用条件约定的授权范围内，处理委托人与承包人所签订合同的变更	**第十八条** 监理人在委托人授权下，可对任何承包人应履行的义务提出变更。如果由	本款赋予监理人一定的现场处置权利。委托人对监理人的授权范围应在"专用条件"中进

《建设工程监理合同（示范文本）》（GF—2012—0202）第二部分 通用条件	《建设工程委托监理合同（示范文本）》（GF—2000—0202）第二部分 标准条件	对照解读
事宜。如果变更超过授权范围，应以书面形式报委托人批准。 在紧急情况下，为了保护财产和人身安全，监理人所发出的指令未能事先报委托人批准时，应在发出指令后的24小时内以书面形式报委托人。	此严重影响了工程费用或质量，或进度，则这种变更须经委托人事先批准。在紧急情况下未能事先报委托人批准时，监理人所做的变更也应尽快通知委托人。	一步作出明确的约定。监理人在委托人授权范围内，可对所委托监理的工程自主地采取各种措施进行监督、管理和协调，安善处理好工程涉及的各项变更，如果超出监理合同所授权的权限，应首先征得委托人同意后方可发布有关指令；但在业务紧急情况下，为了工程和人身安全，尽管变更指令已超越了委托人授权而又不能事先得到批准时，也有权发布变更指令。《建设工程监理合同（示范文本）》（GF—2012—0202）明确增加约定事后的时限为24小时。
2.4.4 除专用条件另有约定外，监理人发现承包人的人员不能胜任本职工作的，有权要求承包人予以调换。	在监理过程中如发现工程承包人员工作不力，监理机构可要求承包人调换有关人员。	本款约定监理人对承包人的人员不能胜任本职工作时有要求调换的权利，但未明确何种情况是不能胜任本职工作，没有合理工作上的标准，这可能会在实际工作中产生理解上的误差。委托人和监理人可在"专用条件"中进一步明确监理人要求承包人调换不能胜任本职工作的限制条件。 本款为新增条款。
2.5 提交报告 监理人应按专用条件约定的种类、时间和份数向委托人提交监理与相关服务的报告。		本款是关于监理人向委托人提供相关监理服务报告义务的约定。监理人有义务按期向委托人提交月、季、年度的监理报告，包括监理月报、日常监理文件等；委托人也可以随时要求监理人对其重大

《建设工程监理合同（示范文本）》（GF—2012—0202）第二部分　通用条件	《建设工程委托监理合同（示范文本）》（GF—2000—0202）第二部分　标准条件	对照解读
		事项提交专项报告。监理人提交各项报告的种类、时间和份数，委托人与监理人应在"专用条件"中进一步明确约定。如对中型及以上或专业性较强的工程项目，监理人还应编制监理实施细则，并结合工程项目的专业特点，做到详细具体、具有可操作性。
		监理月报的主要内容一般包括：项目概述；工程进度与形象面貌；资金到位和使用情况；质量控制；合同执行情况；现场会议记录和往来信函；监理工作情况等。
		日常监理文件的主要内容一般包括：监理日记及施工大事记；施工计划批复文件；施工措施批复文件；施工进度调整批复文件；进度款支付确认文件；索赔受理、调查及处理文件；监理协调会议纪要文件；其他监理业务往来文件等。
		监理人在实施监理服务过程中，应按约定的时限向委托人报告监理的进展情况、存在的问题等，以使委托人及时了解工程进展情况；待监理服务内容完成后，还应当向委托人提交监理服务的最终报告。
		我国《合同法》第四百零一条规定："受托人应当按照委托人的要求，报告委托事务的处理情况。委托合同终止时，受托人应当报告委托事务的结果。"

60

《建设工程监理合同（示范文本）》 （GF—2012—0202） 第二部分 通用条件	《建设工程委托监理合同（示范文本）》 （GF—2000—0202） 第二部分 标准条件	对照解读
2.6 文件资料 在本合同履行期内，监理人应在现场保留工作所用的图纸、报告及记录监理工作的相关文件。工程竣工后，应当按照档案管理规定将监理有关文件归档。		本款为新增条款。 本款是关于监理人有对监理工程涉及的各项监理工作资料进行管理和归档义务的约定。 监理工作资料管理主要是指项目监理机构对在施工过程中形成的文件资料的管理，以及项目竣工阶段向委托人提交的成套监理资料的管理，所有资料的监理工作在监理资料中得以体现。 为保证监理工作资料的完整、分类有序，工程开工前，总监理工程师应与委托人、承包人、各地区各部门有不同的要求。因此，项目开工前，项目监理机构应主动与当地档案部门进行联系，明确对资料的分类、格式（包括用纸尺寸）、份数达成一致意见。 监理工作资料的组卷及归档，各地区各部门有不同的要求。因此，项目监理机构的资料管理符合有关规定。 监理工作资料必须及时整理、真实完整、分类有序。监理工作资料应在各阶段监理工作结束后及时整理归档，因此要求工程监理的资料要与工程建设同步完成，如一个单项工程完成，相应的监理资料就必须收集、整理完毕；单位、分项工程施工完成，相对应工程资料编制、收集、整理工作也同步完成；进行单位、分部、分项工程质量评定和工程验收的同时验收应归档收集的工程资料的完整度与质量。

《建设工程监理合同（示范文本）》（GF—2012—0202）第二部分 通用条件	《建设工程委托监理合同（示范文本）》（GF—2000—0202）第二部分 标准条件	对照解读
2.7 使用委托人的财产 监理人无偿使用附录B中由委托人派遣的人员和提供的房屋、资料，设备。除专用条件另有约定外，委托人提供的房屋、设备属于委托人的财产，监理人应妥善使用和保管，在本合同终止时将这些房屋、设备使用约定的时间和方式移交。	**第六条** 监理人使用委托人提供的设施和物品属委托人的财产。在监理工作完成或中止时，应将其设施和剩余的物品按合同约定的时间和方式移交给委托人。	本款已作修改。 《建设工程监理合同（示范文本）》（GF—2012—0202）将委托人派遣的人员和无偿提供给监理人使用的设备、设施和物品以附录B的形式予以列明，这在实践工作中更具有可操作性。 任何由委托人提供的供监理人使用的财产，监理人应妥善保管和使用委托人提供的这些财产和物品，将在设施使用完成或作完成或中止时，将这些设施和剩余物品按委托人"专用条件"中约定的时间和方式交委托人。
	第七条 在合同期内或合同终止后，未征得有关方同意，不得泄露与本工程、本合同业务有关的保密资料。	《建设工程监理合同（示范文本）》（GF—2012—0202）已将《建设工程委托监理合同（示范文本）》（GF—2000—0202）本款约定的保密约定义务合并至第8条其他的内容之中。
	监理人权利 **第十七条** 监理人在委托人委托的工程范围内，享有以下权利： (1) 选择工程总承包人的建议权。 (2) 选择工程分包人的认可权。 (3) 对工程建设有关事项包括工程规模、设计标准、规划设计、生产工艺设计和使用功能要求，向委托人的建议权。	《建设工程监理合同（示范文本）》（GF—2012—0202）将《建设工程委托监理合同（示范文本）》（GF—2000—0202）中的"监理人义务"、"监理人权利"和"监理人责任"调整为"监理人的责任"，将监理人对委托人的合同权利和委托人授权监理人的权力加以区分。 《建设工程委托监理合同（示范文本）》

《建设工程监理合同（示范文本）》（GF—2012—0202）第二部分　通用条件	《建设工程委托监理合同（示范文本）》（GF—2000—0202）第二部分　标准条件	对照解读
	（4）对工程设计中的技术问题，按照安全和优化的原则，向设计人提出建议；如果拟提出的建议可能会提高工程造价，或延长工期，应当事先征得委托人的同意。当发现工程质量标准颁布的建设工程质量标准不符合国家颁布的建设工程质量标准时，监理人应当书面报告委托人并要求设计人更正。 （5）审批工程施工组织设计和技术方案，按照保质量、保工期和降低成本的原则，向承包人提出建议，并向委托人提出书面报告。 （6）主持工程建设有关协作单位的组织协调，重要协调事项应当事先向委托人报告。 （7）征得委托人同意，监理人有权发布开工令、停工令、复工令，但应当事先向委托人报告。如在紧急情况下未能事先报告，则应在24小时内向委托人作出书面报告。 （8）工程上使用的材料和施工质量的检验权。对不符合设计要求和合同约定质量标准的材料、构配件、设备，有权通知委托人停止使用；对于不符合规范和质量标准的工序，分部分项工程施工作业，有权通知承包人停工整改、返工。承包人停工整改或返工后才能复工。 （9）工程施工进度的检查、监督权，以及工程实际竣工日期提前或超过工程施工合同规定的竣工期限的签认权。	（GF—2000—0202）所指监理人的权利主要是建议权和协调权。通过组织协调，使影响监理目标实现的各方主体有机配合，使监理工作实施和运行过程顺利。 我国《建筑法》第三十二条规定："工程监理人员认为工程施工不符合工程设计要求、施工技术标准和合同约定的，有权要求建筑施工企业改正。工程监理人员发现工程设计不符合建筑工程质量标准或者合同约定的质量要求的，应当报告建设单位要求设计单位改正。" 同时，《建设工程质量管理条例》第三十七条规定，"未经监理工程师签字，建筑材料、建筑构配件和设备不得在工程上使用或者安装，施工单位不得进行下一道工序的施工。未经总监理工程师签字，建设单位不拨付工程款，不进行竣工验收。" 以上是监理人的法定权利。《建设工程监理合同（示范文本）》（GF—2000—0202）对监理人的权利约定了10项。 工程建设委托监理协调单位包括：（1）与工程设计单位之间的协调；（2）与工程施工单位之间的协调；（3）与工程施工单位应与单位之间的协调；（4）与工程材料和设备供应单位之间的协调。

《建设工程监理合同（示范文本）》（GF—2012—0202）第二部分　通用条件	《建设工程委托监理合同（示范文本）》（GF—2000—0202）第二部分　标准条件	对照解读
	（10）在工程施工合同约定的工程价格范围内，工程款支付的审核和签认权，以及工程结算的复核确认权与否决权。未经总监理工程师签字确认，委托人不予支付工程款。	监理工作协调的重点是与施工单位之间的协调，主要有以下几个方面：（1）与承包人项目经理关系的协商；（2）进度问题的协调；（3）质量问题的协调；（4）对承包人处罚的协调；（5）对分包单位的协调；（6）对合同争议的协调。监理工程师对质量、进度和投资的控制都是通过承包人的工作实现的，做好与承包人的协调工作是监理工作协调工作重要的内容。

《建设工程监理合同（示范文本）》（GF—2012—0202）第二部分 通用条件	《建设工程委托监理合同（示范文本）》（GF—2000—0202）第二部分 标准条件	对照解读
3. 委托人的义务 **3.1 告知** 委托人应当在委托人与承包人签订的合同中明确授予监理工程师和授予项目监理机构的权限。如有变更，应及时通知承包人。	**委托人义务** **第十三条** 委托人应当将授予监理人的监理权利，以及监理人主要成员的职能分工、监理权限及时书面通知已选定的承包合同的承包人，并在与第三人签订的合同中予以明确。	本款已作修改。 《建设工程监理合同（示范文本）》（GF—2012—0202）增加工程监理人的告知人的告知义务。 为了监理人能够顺利履行监理义务，委托人应将授予监理人的监理权利，以及监理权限及其权限发生变更时委托人面通知勘察设计单位、材料设备采购单位、总监理工程师以及监理人权限的告知承包人，如需变更监理人、总监理工程师以及委托人授予监理人权限的，也应及时以书面形式通知承包人。在建设工程监理实际履行过程中， 《建筑法》第三十二条规定，实施建筑工程监理前，建设单位应当将委托的工程监理单位、监理的内容及监理权限，书面通知被监理的建筑施工企业。 建设工程监理人代表委托人对承包人的施工质量、施工进度、资金使用等方面实施监督，目的是让作为被监理人的承包人明确接受监理工作的准备，便于监理人实施监理工作开展，以及监理人派出的监理员进驻施工现场，在监理过程中实现相互支持和配合。因此在建设工程监理工作开展之前，委托人有义务将委托工程监理工作的相关事项提前通知承包人。

《建设工程监理合同（示范文本）》 （GF—2012—0202） 第二部分 通用条件	《建设工程委托监理合同（示范文本）》 （GF—2000—0202） 第二部分 标准条件	对照解读
3.2 提供资料 委托人应按照附录 B 约定，无偿向监理人提供工程有关的资料。在本合同履行过程中，委托人应及时向监理人提供最新的与工程有关的资料。	**第十条** 委托人应当在双方约定的时间内向监理人提供与工程有关的为监理工作所需要的工程资料。 **第十四条** 委托人应在不影响监理工作的时间内向提供如下资料： （1）与本工程合作的原材料、构配件、机械设备等生产厂家名录； （2）提供与本工程有关的协作单位、配合单位的名录。	本款已作修改。 《建设工程监理合同（示范文本）》（GF—2012—0202）将委托人无偿提供给监理人的有关工程资料及提供的具体时间以附录 B 列表形式予以明确，并根据工程实际进度需要提供最新的与工程有关的资料，以满足监理工作的需要。 为了不耽搁监理服务，委托人应在一个合理的时间内无偿向监理人提供他能够获取的、与监理服务有关的一切资料。 通常委托人提供的工程资料有：（1）工程地质勘查报告（或全套标准图集）；（2）工程设计图纸及其配套标准图集；（3）相关的设计文件；（4）施工图纸；（5）工程概预算文件；（6）有关的工程批文；（7）建设工程施工承包合同；（8）图纸会审记录；（9）施工许可证等。委托人可根据工程实际情况提供。 委托人提供资料的时间可以考虑在签订建设工程监理合同后，且在取得相关文件、资料3 至 10 日内，以便于监理人尽快了解监理工程的具体情况。
3.3 提供工作条件 委托人应为监理人完成监理与相关服务提供必要的条件。		本款已作修改。 《建设工程监理合同（示范文本）》（GF—2012—0202）将委托人无偿提供给监理人的设施、设备、人员及提供的具体时间以附录 B 列表的形式予以明确。

66

《建设工程监理合同（示范文本）》（GF—2012—0202）第二部分 通用条件	《建设工程委托监理合同（示范文本）》（GF—2000—0202）第二部分 标准条件	对照解读
3.3.1 委托人应按照附录B约定，派遣相应的人员，提供房屋、设备，供监理人无偿使用。 **3.3.2** 委托人应负责协调工程建设中所有的外部关系，为监理人履行本合同提供必要的外部条件。	**第十五条** 委托人应免费向监理人提供办公用房、通讯设施、监理人员工地住房及合同专用条件约定的设施，对监理人自备的设施给予合理的经济补偿（补偿金额＝设施在工程使用时间占折旧年限的比例×设施原值＋管理费）。 **第十六条** 根据情况需要，如果双方约定，由委托人免费向监理人提供其他人员，应在监理合同专用条件中予以明确。 **第九条** 委托人应当负责工程建设的所有外部关系的协调，为监理工作提供外部条件。如将部分或全部协调工作委托监理人根据需要，满足监理工作需要委托监理	委托人提供的必要条件通常包括信息服务条件、物质服务条件和人员服务条件三个方面：（1）信息服务条件，委托人应提供办理大工程使用的原材料、构配件、机械设备等生产厂家名录，以便于监理人掌握产品质量及信息；委托人应提供与本监理工程有关的协作单位、配合单位的名录，以便于监理人的组织协调工作；（2）物质服务条件，委托人免费提供给监理人的设施、设备，一般包括检测试验设备、测量设备、通讯设备、交通设备、气象设备、照相录像设备、打字复印设备、办公用房及生活用房等；（3）人员服务条件，委托人应无偿向监理人提供职员和服务人员。当涉及这种情况，委托人所提供的职员只与委托人保持工作时，委托人所提供的职员只与委托人发生工作关系，处理好各自密切合作，处理好及接受指示，处理好各自的设施、设备，委托人给予监理人须监理工作。 对于监理人自备的设施、设备，委托人给予的补偿等约定，《建设工程监理合同（示范文本）》(GF—2012—0202) 在此处予以删除。如果委托人与监理人协商确定某些应由委托人提供的设备由监理人自备时，则应终由监理人与监理人提供的设备对于这种情况，委托人与监理人应在"专用条件"的相应条款内明确经济补偿的计算方法。 委托人应负责建设工程监理的所有外部关系的协调工作，满足监理工作所需委托的外部条件。委托人给予监理工作，协调工作，如将部分监理工作委托监理人完成监理所谓"外部关系"，通常是指监理人完成监理

《建设工程监理合同（示范文本）》 （GF—2012—0202） 第二部分　通用条件	《建设工程委托监理合同（示范文本）》 （GF—2000—0202） 第二部分　标准条件	对照解读
	人承担，则应在专用条件中明确委托的工作和相应的报酬。	工作需要与当地的建设主管部门，安全质量监督机构，城市规划部门、卫生防疫部门，人防技检等行政主管部门之间建立的关系，委托人应做好协调与这些行政主管部门之间的工作关系。 如果委托人将上述外部关系或部分外部关系的协调工作人完成时，则委托监理人和监理人应协商一致，在"专用条件"中进一步明确相关费用的承担及支付条件。 在理解和履行本条款时，委托人与监理人应注意遵守相关法律法规的规定及界限。
3.4　委托人代表 委托人应授权一名熟悉工程情况的代表，负责与监理人联系。委托人应在双方签订本合同后7天内，将委托人代表的姓名和职责书面告知监理人。当委托人更换委托人代表时，应提前7天通知监理人。	**第十二条**　委托人应当授权一名熟悉工程情况的代表，能在规定时间内作出决定的常驻代表（在专用条款中约定），负责与监理人联系。更换常驻代表时，要提前通知监理人。	本款已修改。 委托人与监理人之间要做好协调工作，就需要委托人授权一名熟悉建设工程情况，能迅速做出决定的常驻代表，负责与监理人联系。 《建设工程监理合同（示范文本）》（GF—2012—0202）与《建设工程委托监理合同（示范文本）》（GF—2000—0202）相比，合同中所有涉及的时间均以"7天"作为基数，约定的时间均是"7天"的倍数，将更有利于合同双方对各项管理工作。 《建设工程监理合同（示范文本）》（GF—2012—0202）增加委托人有将委托人代表的职责和权利书面告知监理人的义务，且将告之的时间和需更换时提前通知的时间均限定为7天。 在实际监理工作中，同时存在着委托人代表和总监理工程师，两者之间的工作职责应清晰，会发生交义，因此两者的职权权应界定清晰。

《建设工程监理合同（示范文本）》（GF—2012—0202）第二部分 通用条件	《建设工程委托监理合同（示范文本）》（GF—2000—0202）第二部分 标准条件	对照解读
3.5 委托人意见或要求 在本合同约定的监理与相关服务工作范围内，委托人对承包人的任何意见或要求应应通知监理人，由监理人向承包人发出相应指令。		本款为新增条款。 本款是关于委托人有意见或要求时发出指令的形式约定。 鉴于委托人将工程项目的管理工作委托给监理人即监理人代表为现场的管理者，保证监理工程双方公正地做好监理工作，顺利完成工程建设任务，避免出现不必要合同纠纷，委托人与承包人之间的各项联系工作，均应通过监理人来完成。 本款强调了委托人指令的接收对象为监理人，即委托人通过监理人向承包人提出意见和要求。
3.6 答复 委托人应当在专用条件约定的时间内就监理人书面提交并要求作出决定的一切事宜作出书面决定。	**第十一条** 委托人应当在专用条件约定的时间内，对监理人以书面形式提交并要求作出决定的事宜，给予书面答复。逾期未答复的，视为委托人认可。	本款已作修改。 《建设工程监理合同（示范文本）》（GF—2012—0202）增加对委托人"默示条款"的约定。 默示条款是指一方当事人在合理期限或要求未予回应，则视为对方当事人的申请或要求被接受。 《最高人民法院关于贯彻执行〈中华人民共和国民法通则〉若干问题的意见》第六十六条规定，一方当事人向对方当事人提出民事权利的要求，对方未明确表示意见示意意思，但其行为的默示已接受的，可以认定为默示。不作为的默示只有在法律有规定或者当事人双方有约定的情况下，才可以视为意思表示。为了避免搁置监理工作，委托人应在一个

《建设工程监理合同（示范文本）》 （GF—2012—0202） 第二部分　通用条件	《建设工程委托监理合同（示范文本）》 （GF—2000—0202） 第二部分　标准条件	对照解读
3.7　支付 委托人应按本合同约定，向监理人支付酬金。	**第八条**　委托人在监理人开展监理业务之前应向监理人支付预付款。	合理的时间内就监理人以书面形式提交并要求做出决定的一切事宜做出书面决定。合理的时间内由委托人和监理人在"专用条件"中进一步明确约定。 超过约定的合理时间间监理人仍未收到委托人的书面决定，监理人可视为其提出意见的事宜已无不同意见，无须再进行确认，即视为委托人已经认可。 本款已作修改。 《建设工程监理合同（示范文本）》（GF—2012—0202）未在本款中约定支付时间，而是赋予委托人和监理人在"专用条件"中以表格的形式进一步明确监理酬金的支付时间、支付比例及支付金额。 委托人按合同约定按时支付监理酬金是委托人最主要的义务。本合同涉及监理酬金及支付主要包括：（1）正常工作服务酬金和支付，包含：1）施工监理服务酬金及支付；2）相关服务酬金及支付；3）监理服务酬金的调整。（2）附加工作服务酬金和支付；（3）委托人拖期支付的赔偿；（4）监理人合理化建议的奖励；（5）相关费用的支付。 另外，监理人需要特别注意，有些地方主管部门对监理收费有特殊规定。本书第五部分特别收录了对建设工程监理与相关服务收费的管理规定，可供读者参考。

《建设工程监理合同（示范文本）》（GF—2012—0202）第二部分 通用条件	《建设工程委托监理合同（示范文本）》（GF—2000—0202）第二部分 标准条件	对照解读
	委托人权利 **第二十条** 委托人有选定工程总承包人，以及与其订立合同的权利。 **第二十一条** 委托人有对工程规模、设计标准、规划设计、生产工艺设计和设计使用功能要求的认定权，以及对工程设计变更的审批权。 **第二十二条** 监理人调换总监理工程师须事先经委托人同意。 **第二十三条** 委托人有权要求监理人提交监理工作月报及监理业务范围内的专项报告。 **第二十四条** 当委托人发现监理人员不按监理合同履行监理职责，或与承包人串通给委托人或工程造成损失的，委托人有权要求监理人更换监理人员，直到终止合同并承担相应的赔偿责任或连带赔偿责任。	《建设工程监理合同（示范文本）》（GF—2012—0202）将《建设工程委托监理合同（示范文本）》（GF—2000—0202）中的"委托人权利"、"委托人的义务"和"违约责任"调整为"委托人责任"。 《建设工程委托监理合同（示范文本）》（GF—2000—0202）约定的委托人的权利包括： （1）接手监理人权限的权利。 （2）对其他合同承包人的选定人的决定权利。 （3）委托监理工程重大事项设计、生产工艺设计、规划设计等功能要求的认定权，工程设计变更的审批权。 （4）对监理人履行合同的监督控制权：1）对监理合同转让和分包的监督；2）对监理人调换总监理工程师须经委托人同意。3）对合同履行的监督。 如果发现监理人员不按监理合同履行职责与承包人串通，给委托人造成损失，有权要求监理人更换监理人员，直至终止合同。

71

《建设工程监理合同（示范文本）》（GF—2012—0202）第二部分 通用条件	《建设工程委托监理合同（示范文本）》（GF—2000—0202）第二部分 标准条件	对照解读
4. 违约责任 **4.1 监理人的违约责任** 监理人未履行本合同义务的，应承担相应的责任。 **4.1.1** 因监理人违反本合同约定给委托人造成损失的，监理人应当赔偿委托人损失。赔偿金额的确定在专用条件中约定。监理人承担部分赔偿责任的，其承担赔偿责任的部分赔偿责任由双方协商确定。	**监理人的责任** **第二十五条** 监理人的责任期即委托监理合同有效期。在监理过程中，如果因工程建设进度的推迟或延误而超过书面约定的日期，双方应进一步约定相应延长的合同期。 **第二十六条** 监理人在责任期内，应当履行约定的义务，如果因监理人过失而造成了委托人的经济损失，应当向委托人赔偿。累计赔偿总额（除本合同第二十四条规定以外）不应超过监理报酬总额（除去税金）。	本款已作修改。 《建设工程监理合同（示范文本）》（GF—2012—0202）删除了《建设工程委托监理合同（示范文本）》（GF—2000—0202）关于"监理人的责任期"条款，将监理期限和相关服务期限在"协议书"中进行了明确约定。 违约情形及违约责任的约定是双方处理纠纷、确定诉求的约定依据，是整个合同体系中的关键条款，委托人与监理人应该尽量明确因违约而承担的赔偿责任，以利于日后纠纷的解决。 监理人的义务包括"通用条件""专用条件"及附录A中约定的各项监理与相关服务的义务。 监理人应重点注意：《建设工程监理合同（示范文本）》（GF—2012—0202）在此删除了《建设工程委托监理合同（示范文本）》（GF—2000—0202）中关于保护监理人的条款，即将赔偿分为全部责任和部分责任，对赔偿金额的确定作为专门约定，即全部责任，赔偿金额由双方在"专用条件"中进一步明确；部分责任的赔偿金额的赔偿责任由双方协商确定。 本款的约定主要体现了委托人和监理人承担的赔偿原则。我国法律规定的权利平等原则、权利平等原则。

《建设工程监理合同（示范文本）》（GF—2012—0202）第二部分 通用条件	《建设工程委托监理合同（示范文本）》（GF—2000—0202）第二部分 标准条件	对照解读
		损失额不能超过监理费用的规定。我国《合同法》第一百一十三条规定："当事人一方不履行合同义务或者履行合同义务不符合约定，给对方造成损失的，损失赔偿额应当相当于因违约所造成的损失，包括合同履行后可以获得的利益，但不得超过违反合同一方订立合同时预见到或者应当预见到的因违反合同可能造成的损失。" 《建筑法》第三十五条规定："工程监理单位不按照委托监理合同的约定履行监理义务，对应当监督检查的项目不检查或者不按照规定检查，给建设单位造成损失的，应当承担相应的赔偿责任。工程监理单位与承包单位串通，为承包单位谋取非法利益，给建设单位造成损失的，应当与承包单位承担连带赔偿责任。"
4.1.2 监理人向委托人的索赔不成立时，监理人应赔偿委托人由此发生的费用。	**第二十八条** 监理人向委托人提出赔偿要求不能成立时，监理人应当补偿由于该索赔所导致委托人的各种费用支出。	约定本款的目的在于防止监理人滥用索赔权利。监理人在提出索赔要求时，应慎重考虑并评估索赔是否能够有效成立，否则当索赔要求不成立时，监理人还可能承担一定的赔偿责任。
4.2 委托人的违约责任 委托人未履行本合同义务的，应承担相应的责任。	委托人的责任	本款已作修改。 委托人的义务亦包括"通用条件"、"专用条件"及附录B中约定的各项义务。赔偿监理人的经济损失。委托人违约应承担违约责任的损失。

《建设工程监理合同（示范文本）》（GF—2012—0202）第二部分 通用条件	《建设工程委托监理合同（示范文本）》（GF—2000—0202）第二部分 标准条件	对照解读
4.2.1 委托人违反本合同约定造成监理人损失的，委托人应予以赔偿。	**第二十九条** 委托人应当履行委托监理合同约定的义务，如有违反则应当承担违约责任，赔偿给监理人造成的经济损失。 监理人处理委托业务时，因非监理人原因的事由受到损失的，可以向委托人要求补偿损失。	本款约定了委托人因违约行为造成监理人损失的赔偿责任。须注意委托人赔偿的前提是监理人实际发生了损失。 其实，我国《合同法》早已摒弃了"赔偿须建立在损失之上"的观点。当事人可以约定一方违约时应当根据违约情况向对方支付一定数额的违约金，也可以约定因违约产生的损失赔偿额的计算方法。约定的违约金低于造成的损失的，当事人可以请求人民法院或者仲裁机构予以增加；约定的违约金过分高于造成的损失的，当事人可以请求人民法院或者仲裁机构予以减少。当事人就迟延支付违约金后，还应当履行债务。 因此，合同在很大程度上约定一个违约金的工作量，减少赔偿金额的不确定性。
4.2.2 委托人向监理人的索赔不成立时，应赔偿监理人由此引起的费用。	**第三十条** 委托人如果向监理人提出赔偿的要求不能够有效成立，则应当补偿由该索赔所引起的监理人的各种费用支出。	《建设工程监理合同（示范文本）》（GF—2012—0202）将非监理人原因导致监理人受到的损失由委托人予以补偿，在第6条"暂停与解除"中进行了明确。 约定本款的目的在于防止委托人滥用索赔权利。委托人在提出索赔要求时，应慎重考虑并评估索赔是否能够有效成立，否则当索赔要求不成立时，委托人还可能要承担一定的赔偿责任。本款约定亦体现了委托人与监理人权利对等原则。

《建设工程监理合同（示范文本）》（GF—2012—0202）第二部分 通用条件	《建设工程委托监理合同（示范文本）》（GF—2000—0202）第二部分 标准条件	对照解读
4.2.3 委托人未能按期支付酬金超过28天，应按专用条件约定支付逾期付款利息。	**第四十条** 如果委托人在规定的支付期限内未支付监理报酬，自规定之日起，还应向监理人支付滞纳金。滞纳金从规定支付期限最后一日起计算。	《建设工程监理合同（示范文本）》（GF—2012—0202）相对于《建设工程委托监理合同（示范文本）》（GF—2000—0202），明确了委托人未按照合同约定全额支付监理款时间。因委托人未付款项的计算利息的计算时间。因委托人未支付监理酬金达到28天时，由委托人承担"专用条件"约定的逾期付款责任。对于委托人未按合同约定支付监理酬金的，委托人可争取与监理人协商，在监理人同意的前提下，达成逾期支付协议。
4.3 除外责任 因非监理人的原因，且监理人无过错，发生工程质量事故、安全事故、工期延误等造成的损失，监理人不承担赔偿责任。 因不可抗力导致本合同全部或部分不能履行时，双方各自承担其因此而造成的损失、损害。	**第二十七条** 监理人对承包人违反合同规定的质量要求和完工（交图、交货）时限，不承担责任。 因不可抗力导致委托监理合同不能全部或部分履行，监理人不承担责任。但对违反第五条规定引起的与之有关的事宜，向委托人承担赔偿责任。	本款已作修改。 本款是关于监理人的责任限度的约定。 由于建设工程监理是以监理人向委托人提供技术服务为特性，在服务过程中、监理人主要凭借自身知识、技术和管理经验，向委托人提供咨询、服务，实现替委托人管理工程的责任。同时，在工程建设过程中，会受到多方面因素限制，鉴于以上这些因素，通常将监理人的责任限度作限制约定：（1）监理人不对因其所引起的损失或损害承担责任；（2）监理人不对任何非自身的质量事故、安全事故、工程约定或规定而发生的质量事故、安全事故、工期延误等造成的损失承担责任；（3）因不可抗力造成的损失，损害由委托人、监理人各自承担相应的损失。

75

《建设工程监理合同（示范文本）》（GF—2012—0202）第二部分　通用条件	《建设工程委托监理合同（示范文本）》（GF—2000—0202）第二部分　标准条件	对照解读
5. 支付	**监理报酬**	
5.1 支付货币 除专用条件另有约定外，酬金均以人民币支付。涉及外币支付的，所采用的货币种类、比例和汇率在专用条件中约定。	**第四十一条** 支付监理报酬所采取的货币币种、汇率由合同专用条件约定。	本款已作修改。 《建设工程监理合同（示范文本）》（GF—2012—0202）细化了酬金记取及支付方式。 《建设工程监理合同（示范文本）》（GF—2012—0202）增加约定，除"专用条件"另有约定外，监理酬金的支付约以人民币支付。委托人与监理人可根据实际情况在"专用条件"中协商确定支付的货币种类、比例及汇率。按照合同约定的时间和数额向监理人支付监理酬金是委托人最基本的合同义务，也是体现委托人履约意识所在。
5.2 支付申请 监理人应在本合同约定的每次应付款时间的7天前，向委托人提交支付申请书。支付申请书应当说明当期应付款的款项及其金额，并列出当期应支付的款项及其金额。		本款为新增款。 本款是关于监理人提交支付申请书的程序和内容约定。 本款明确监理人向委托人提交支付申请书应的时间：应付款时间前7天；支付申请书应包含的内容：当期委托人应支付的款项及金额，包括当期的正常工作酬金、附加工作酬金，合理化建议的奖励金额。监理人应提前做好申请支付监理款项的准备，并附相关证明文件。
5.3 支付酬金 支付人的酬金包括正常工作酬金、附加工作酬金、合理化建议奖励金额及费用。	**第三十九条** 正常的监理工作、附加工作和额外工作的报酬，按照监理合同专用条件的约定计算，并按约定的时间和数额支付。	本款已作修改。 本款定关于委托人支付监理酬金所包括的范围约定。 《建设工程监理合同（示范文本）》（GF—2012—0202）中所指的"费用"，包括经委托人同意的监理人员外出考察费用、检测费用和咨询费用。

《建设工程监理合同（示范文本）》（GF—2012—0202）第二部分 通用条件	《建设工程委托监理合同（示范文本）》（GF—2000—0202）第二部分 标准条件	对照解读
5.4 有争议部分的付款 委托人对监理人提交的支付申请书有异议时，应当在收到监理人提交的支付申请书后 7 天内，以书面形式向监理人发出异议通知。无异议部分的款项应按期支付，有异议部分的款项按第 7 条约定办理。	**第四十二条** 如果委托人对监理人提交的支付通知中报酬或部分报酬项目提出异议，应当在收到支付通知书 24 小时内向监理人发出表示异议的通知，但委托人不得拖延其他无异议报酬项目的支付。	本款已作修改。 《建设工程监理合同（示范文本）》（GF—2012—0202）延长了委托人向监理人发出异议通知的时间，将《建设工程委托监理合同（示范文本）》（GF—2000—0202）约定的 24 小时修改为 7 天。 在监理款项支付过程中，如果委托人对监理项目中酬金中酬金或部分酬金全项目有异议，应当在表示异议的监理人发出书面通知；如未在此时间内发出书面异议通知，应视为委托人已认可监理人提交的支付申请。 委托人对无异议部分的款项应按约定时间予以支付；有异议部分的款项，委托人与监理人应本着诚信原则协商或调解仍无法达成一致意见，可向约定的仲裁机构申请仲裁或向有管辖权的人民法院提起诉讼。

77

《建设工程监理合同（示范文本）》 （GF—2012—0202） 第二部分 通用条件	《建设工程委托监理合同（示范文本）》 （GF—2000—0202） 第二部分 标准条件	对照解读
6. 合同生效、变更、暂停、解除与终止	**合同生效、变更与终止**	
6.1 生效 除法律另有规定或者专用条件另有约定外，委托人和监理人的法定代表人或其授权代理人在协议书上签字并盖单位章后本合同生效。		本款为新增条款。 委托人和监理人可以在"专用条件"中进一步约定合同生效附期限。 《合同法》第 45 条规定："当事人对合同的效力可以约定附条件。附生效条件的合同，自条件成就时生效。附解除条件的合同，自条件成就时失效。" 《合同法》第 46 条规定："当事人对合同的效力可以约定附期限。附生效期限的合同，自期限届至时生效。附终止期限的合同，自期限届满时失效。"
6.2 变更		本款已作修改。 《建设工程监理合同（示范文本）》（GF—2012—0202）与《建设工程委托监理合同（示范文本）》（GF—2000—0202）相比，充分考虑了服务范围、时间及酬金的动态调整。
6.2.1 任何一方提出变更请求时，双方经协商一致后可进行变更。		本条约定委托人、监理人任何一方申请并经双方协商一致，可对合同进行变更。
6.2.2 除不可抗力外，因非监理人原因导致监理人履行合同期限延长、内容增加时，监理人应当将此情况与可能产生的影响及时通知委托人。完成增加的监理工作时间，工作内容应视为附加工作，附加工作的确定金的确定方法在专用条件中约定。	**第三十一条** 由于委托人或承包人的原因使监理工作受到阻碍或延误，以致发生了附加工作或延长了持续时间，则监理人应当将此情况与可能产生的影响及时通知委托人。完成监理业务的时间相应延长，并得到附加工作的报酬。	非监理人原因引起的变更，通常视为监理人附加的工作的情形包括：（1）由于委托人、第三方原因，使监理工作受到阻碍或延误，以致延长了持续时间；（2）委托人要求增加监理工作的范围和内容；（3）委托人要求

《建设工程监理合同（示范文本）》（GF—2012—0202）第二部分 通用条件	《建设工程委托监理合同（示范文本）》（GF—2000—0202）第二部分 标准条件	对照解读
6.2.3 合同生效后，如果实际情况发生变化使得监理人不能完成全部或部分工作时，监理人应立即通知委托人。除不可抗力外，其善后工作以及恢复服务的准备工作应为附加工作，附加工作酬金的确定方法在专用条件中约定。监理人用于恢复服务的准备工作的时间不应超过28天。	**第三十三条** 在委托监理合同签订后，实际情况发生变化，使得监理人不能全部或部分执行监理业务时，监理人应当立即通知委托人。该监理业务的完成时间应予延长。当恢复执行监理业务时，应当增加不超过42日的时间用于恢复执行监理业务，并按双方约定的数量支付监理报酬。	提交变更服务内容的建议方案；（4）因实际情况发生变化原因而暂停或终止监理业务后及恢复准备工作的内容；（5）委托人委托的外部协调工作内容。委托人应按照"专用条件"约定的调整方法支付监理人附加工作酬金。《建设工程监理合同（示范文本）》（GF—2012—0202）将监理人恢复监理工作的准备时间由《建设工程委托监理合同（示范文本）》（GF—2000—0202）约定的42天缩短为28天。
6.2.4 合同签订后，遇有与工程相关的法律法规、标准颁布或修订的，双方应遵照执行。由此引起监理与相关服务的范围、时间、酬金变化的，双方应通过协商进行相应调整。		《建设工程监理合同（示范文本）》（GF—2012—0202）增加6.2.4款因法律变化引起的变更约定。工程建设的时间跨度一般比较长，签订合同时所参考的影响价格的因素会因建设期间相关立法或标准变动而影响到实际费用，根据立法或标准变动情况要求对合同价格以及时间做出调整是公平合理的。根据本款的约定，无论法律或标准变化导致费用增加还是减少，合同价格均应作调整。

《建设工程监理合同（示范文本）》（GF—2012—0202）第二部分 通用条件	《建设工程委托监理合同（示范文本）》（GF—2000—0202）第二部分 标准条件	对照解读
6.2.5 因非监理人原因造成工程概算投资额或建筑安装工程费增加时，正常工作酬金应作相应调整。调整方法在专用条件中约定。		理人应注意的是，如果法律或标准变化导致费用增加，则应承担举证责任，证明该引起变动导致增加监理人的费用以及增加的标准或额度。 如《建设工程监理合同（示范文本）》（GF—2012—0202）增加6.2.5款因工程投资额变化引起的变更约定。 《建设工程监理合同（示范文本）》（GF—2012—0202）第一部分"协议书"中所述，由于监理酬金通常是基于工程概算投资额或建筑安装工程费为基数未计算的，因此非监理人原因造成的工程概算投资额或建筑安装工程费增加时，应按"专用条件"中约定的工程费用增加方法增加监理人的正常工作酬金。
6.2.6 因工程规模、监理范围的变化导致监理人的正常工作量减少时，正常工作酬金应作相应调整。调整方法在专用条件中约定。		《建设工程监理合同（示范文本）》（GF—2012—0202）增加6.2.6款因工程规模和监理范围发生变化更的约定。 由于建设工程项目的不确定性，监理人的监理范围或监理工作内容经常会发生变化，当这种变化导致监理人的正常工作量减少时，根据公平、合理原则，监理人的正常工作酬金，应调整。 另外，监理人还应注意做好合同的替代性文件管理工作。委托人和监理人双方对合同的修

《建设工程监理合同（示范文本）》（GF—2012—0202）第二部分 通用条件	《建设工程委托监理合同（示范文本）》（GF—2000—0202）第二部分 标准条件	对照解读
		政，如增减监理工作量，变更监理酬金等，实践中常常是通过一些代性的方式确认（如传真、电子邮件等）。这时，此类方式成为双方权利义务变更的依据，必须加强其管理。
6.3 暂停与解除 除双方协商一致可以解除本合同外，当一方无正当理由未履行本合同约定的义务时，另一方可以根据本合同约定暂停履行本合同直至解除本合同。		本款已作修改。 合同解除分为约定解除和法定解除。约定解除是当事人通过行使约定的解除权或双方协商约定的合同解除。法定解除是解除条件直接由法律规定的合同解除。 根据《合同法》的规定，当事人协商一致，可以解除合同。当事人可以约定一方解除合同的条件。解除合同的条件成就时，解除权人可以解除合同。当事人一方主张解除合同的，应当通知对方。合同自通知到达对方时解除。对方有异议的，可以请求人民法院或者仲裁机构确认解除合同的效力。
6.3.1 在本合同有效期内，由于双方无法预见和控制的原因导致本合同全部或部分无法继续履行或继续履行已无意义，经双方协商一致，可以解除本合同或解除监理人的部分义务。在解除之前，监理人应作出合理安排，使开支减至最小。 因解除本合同或解除监理人的部分义务导致监理人遭受的损失，除依法可以免除责任的情况外，应由委托人予以补偿，补偿金额由双方协商确定。		《建设工程监理合同（示范文本）》（GF—2012—0202）增加 6.3.1 款因双方无法预见和控制的原因全部或部分无法履行或继续履行已无意义时，可以解除合同。 在合同履行过程中，当无法预见和控制的原因致使合同部分或全部不能继续履行时，监理人应采取积极有效的措施对正在实施的工程项目损失降到最小。
	第三十四条 当事人一方要求变更或解除合同时，应当在 42 日前通知对方，因解除合同使一方遭受损失的，除依法可以免除责任的外，应由责任方负责赔偿。	

《建设工程监理合同（示范文本）》（GF—2012—0202）第二部分 通用条件	《建设工程委托监理合同（示范文本）》（GF—2000—0202）第二部分 标准条件	对照解读
解除本合同的协议必须采取书面形式，协议达成之前，本合同仍然有效。	变更或解除合同的通知或协议必须采取书面形式，协议未达成之前，原合同仍然有效。	《建设工程监理合同（示范文本）》（GF—2012—0202）删除了《建设工程委托监理合同（示范文本）》（GF—2000—0202）约定的需采取前42天通知对方才能要求变更或解除合同的约定。 因解除合同致使监理人遭受损失的，除不可抗力等原因可免除监理责任外，应由委托人负责补偿。具体的补偿金额由委托人与监理人双方协商一致确定。 解除合同的通知或协议应采取书面形式。解除合同的协议在双方未达成一致意见前，合同双方均应继续履行各自的合同义务。
6.3.2 在本合同有效期内，因非监理人的原因导致工程施工全部或部分暂停，委托人可发出暂停该部分工作的通知，监理人应立即安排停止工作，并将开支减至最小。除不可抗力外，由此导致监理人遭受的损失应由委托人予以补偿。 暂停部分监理与相关服务时间超过182天，监理人可发出解除本合同约定的该部分义务的通知；暂停全部工作时间超过182天，监理人可发出解除本合同工作的通知，本合同自通知到达委托人时解除。委托人应将监理与相关监理服务的酬金支付至本合同解除日，且应承担第4.2款约定的责任。	第三十六条 监理人由于非自己的原因而暂停或终止执行监理业务，其善后工作以及恢复执行监理业务的工作，应当视为额外工作，有权得到额外的报酬。	因委托人或第三方原因致使合同不能履行或监理服务暂停时，监理人也应采取合理有效的措施，以使工程项目损失降到最小。 《建设工程监理合同（示范文本）》（GF—2012—0202）增加了若暂停全部工作时间超过182天，监理人可向委托人发出解除合同通知，合同自监理合同通知到达委托人时解除。委托人应将监理与相关服务的酬金支付至合同解除之日。 合同的解除并不影响监理人享有的监理酬金全权利和委托人应承担的责任。

《建设工程监理合同（示范文本）》（GF—2012—0202）第二部分 通用条件	《建设工程委托监理合同（示范文本）》（GF—2000—0202）第二部分 标准条件	对照解读
6.3.3 当监理人无正当理由未履行本合同约定的义务时，委托人应通知监理人限期改正。若委托人在监理人接到通知后的 7 天内未收到监理人书面形式的合理解释，则可在第 7 天内发出解除本合同的通知，自通知到达监理人时本合同解除。委托人应将监理与相关服务费支付至限期改正通知到达监理人之日，但监理人应承担第 4.1 款约定的责任。	**第三十七条** 当委托人未履行监理义务时，可向监理人发出通知。若委托人在收到答复后 21 日内没有收到答复，可在第一个通知发出后 35 日内发出终止委托监理合同的通知，合同即行终止。监理人承担违约责任。	《建设工程监理合同（示范文本）》（GF—2012—0202）将委托人发出通知后监理人的答复时间由《建设工程委托监理合同（示范文本）》（GF—2000—0202）约定的 21 天缩短为 7 天；且将委托人发出解除合同的时间由原未缩短的 14 天缩短为 7 天。当监理人无正当理由未履行监理服务时，委托人可书面通知监理人限期改正。监理人应在收到改正通知后 7 天内予以回复，作出合理解释，否则委托人可以在此后 7 天内发出解除合同的通知。委托人自委托人解除合同通知到达监理人之时解除。监理人应将解除合同相关服务费算至本合同解除之日。合同的解除并不影响监理人享有的监理酬金权利，但监理人应承担相应的违约责任。
6.3.4 监理人在专用条件 5.3 中约定的支付之日起 28 天后仍未收到委托人按本合同约定应付的款项，可向委托人发出催付通知，委托人接到通知后 14 天后仍未支付或未提出监理人可以接受的延期支付安排，监理人可向委托人发出暂停工作的通知并自行暂停全部或部分工作。暂停工作 14 天内监理人仍未获得委托人应付酬金或委托人对暂停监理人的合理答复，监理人可向委托人发出解除本合同的通知，自通知到达委托人时本合同解除。委托人应承担第 4.2.3 款约定的责任。	**第三十五条** 监理人在应当获得监理报酬付之日起 30 日内仍未收到支付单据，而委托人又未对监理人提出任何书面解释时，或根据第三十三条及第三十四条已暂停执行监理业务时限超过六个月的，监理人可向委托人发出终止合同的通知。发出通知后 14 日内仍未得到委托人答复，可进一步发出终止合同的通知。如果第二份通知发出后 42 日内仍未得到委托人答复，可终止合同或自行暂停或继续暂停执行全部或部分监理业务。委托人承担违约责任。	《建设工程监理合同（示范文本）》（GF—2012—0202）增加对解除合同后监理与相关服务酬金的支付约定。《建设工程监理合同（示范文本）》（GF—2012—0202）将监理人可向委托人发出酬金催付通知的期限由《建设工程委托监理合同（示范文本）》（GF—2000—0202）约定的 30 天缩短为 28 天；且将监理人可向委托人发出解除合同的通知的最长时间不超过 56 天。委托人按期支付监理约定监理酬金之日起缩短为最长不超过 56 天。委托人按合同约定支付监理约定监理酬金的最基本的义务。若委托人在合同约定支付监理酬金是其监理酬

83

《建设工程监理合同（示范文本）》 （GF—2012—0202） 第二部分　通用条件	《建设工程委托监理合同（示范文本）》 （GF—2000—0202） 第二部分　标准条件	对照解读
		金支付之日起 28 天后未支付的，监理人可发出酬金催付通知。 监理人在支付或双方达延期支付约定时，委托人仍未支付决定暂停部分或全部监理服务，但应书面通知委托人。 监理人在暂停服务 14 天后仍未收到监理酬金或委托人的合理答复时可发出书面解除合同通知；解除合同的日期为委托人应支付监理酬金金之日起的第 56 天。
	第三十八条　合同协议的终止并不影响各方应有的权利和应当承担的责任。	合同的解除并不影响监理人享有的监理酬金全权利和委托人应承担的违约赔偿责任。
6.3.5　因不可抗力致使本合同部分或全部不能履行时，一方应立即通知另一方，可暂停或解除本合同。		《建设工程监理合同（示范文本）》（GF—2012—0202）增加 6.3.5 款因不可抗力导致不能履行合同时，可以解除合同。 本款要求遇到不可抗力影响的一方"立即通知"另一方，目的主要在于让对方及时知道，能迅速采取措施，以减轻可能给对方造成的损失。《合同法》第一百一十八条规定，当事人一方因不可抗力不能履行合同的，应当及时通知对方，以减轻可能给对方造成的损失，并应当在合理期限内提供证据。 因不可抗力不能履行合同的，根据不可抗力的影响，部分或者全部免除责任，但法律另有规定的除外。当事人迟延履行后发生不可抗力的，不能免除责任。

《建设工程监理合同（示范文本）》（GF—2012—0202）第二部分 通用条件	《建设工程委托监理合同（示范文本）》（GF—2000—0202）第二部分 标准条件	对照解读
		有下列情形之一的，当事人可以解除合同： （1）因不可抗力致使不能实现合同目的；（2）在履行期限届满之前，当事人一方明确表示或者以自己的行为表明不履行主要债务；（3）当事人一方迟延履行主要债务，经催告后在合理期限内仍未履行；（4）当事人一方迟延履行债务或者有其他违约行为致使不能实现合同目的；（5）法律规定的其他情形。
6.3.6 本合同解除后，本合同约定的有关结算、清理、争议解决方式的条件仍然有效。		《建设工程监理合同（示范文本）》（GF—2012—0202）增加6.3.6款合同解除后关于结算条款的约定。 《合同法》第九十八条规定，合同的权利义务终止，不影响合同中结算和清理条款的效力。 合同解除后，双方还应当遵循诚实信用原则，根据交易习惯履行通知、协助、保密等后合同义务。
6.4 终止 以下条件全部满足时，本合同即告终止： （1）监理人完成本合同约定的全部工作； （2）委托人与监理人结清并支付全部酬金。	**第三十三条** 监理人向委托人办理完理竣工验收或工程移交手续，承包人和委托人已签订工程保修责任书，监理人收到监理报酬尾款，本合同即终止。保修期间同的责任，双方在专用条款中约定。	本款已作修改。 本款是关于监理合同的终止条件约定。 《建设工程监理合同（示范文本）》（GF—2012—0202）相对于《建设工程委托监理合同（示范文本）》（GF—2000—2002），增加约定了"监理人完成本合同约定的全部监理工作"为合同终止的条件；删除了《建设工程委托监理合同（示范文本）》（GF—2000—2002）需要签订"工程保修责任书"为合同终止的条件。

《建设工程监理合同（示范文本）》（GF—2012—0202）第二部分 通用条件	《建设工程委托监理合同（示范文本）》（GF—2000—0202）第二部分 标准条件	对照解读
7. 争议解决 **7.1 协商** 双方应本着诚信原则协商解决彼此间的争议。	**争议的解决**	本款为新增条款。 本款是关于委托人与监理人协商解决争议的约定。 考虑到合同履行中可能发生争议，争议解决方式的选择对于合同双方来说非常重要。因违反本合同而终止或引起对损失或损害的赔偿，委托人与监理人应本着诚实守信原则进行友好协商，争取以最小的代价解决争议问题。友好协商有利于提高争议解决效率，建议优先采用。
7.2 调解 如果双方不能在14天内或双方商定的其他时间内解决本合同争议，可以将其提交给专用条件约定的或事后达成协议的调解人进行调解。		本款为新增条款。 本款是关于委托人与监理人通过调解解决争议的约定。 调解，是指合同当事人对合同所约定的权利、义务发生争议，不能协商解决的，通过第三方调解人促使双方互相做出适当的让步，平息争端，自愿达成协议，以求解决合同纠纷的方法。 如双方经过协商未能达成一致意见，可提交双方在"专用条件"中选定的调解人进行调解。如经调解双方达成调解协议，双方应在调解协议书上签字，共同遵照履行。

《建设工程监理合同（示范文本）》（GF—2012—0202）第二部分　通用条件	《建设工程委托监理合同（示范文本）》（GF—2000—0202）第二部分　标准条件	对照解读
7.3　仲裁或诉讼 双方均有权不经调解直接向专用条件约定的仲裁机构申请仲裁或向有管辖权的人民法院提起诉讼。	**第四十九条**　因违反或终止合同而引起的对对方损失利损害的赔偿，双方应当协商解决，如未能达成一致，可提交主管部门协调，如仍未能达成一致时，根据双方约定提交仲裁机构仲裁，或向人民法院起诉。	本款约定调解解决合同争议的期限为14天，或尊重双方协商一致的期限。明确合理的解决争议的期限，以防止一方拖延时间导致争议久拖不决。 本款已作修改。 《建设工程监理合同（示范文本）》（GF—2012—0202）增加约定可不经调解直接将争议提交仲裁或诉讼来解决争议。 在目前的法律制度下，仲裁或诉讼不可兼得，或仲裁或诉讼，只能选择其一。如果选择仲裁方式，必须有双方明确、有效的约定。当前，通过仲裁来解决合同纠纷已成为合同双方愿意选择仲裁解决纠纷途径。仲裁机构、仲裁员均有解决重大纠纷的优势有：专业性强，仲裁不公开；仲裁审理期限短，可以达到尽快结案的目的。仲裁与诉讼这两种争议解决方式各自都有不同的优点，委托人与监理人可根据工程实际情况作出选择。

《建设工程监理合同（示范文本）》（GF—2012—0202）第二部分 通用条件	《建设工程委托监理合同（示范文本）》（GF—2000—0202）第二部分 标准条件	对照解读
8. 其他	**其他**	
8.1 外出考察费用 经委托人同意，监理人员外出考察发生的费用由委托人审核后支付。	**第四十三条** 委托的建设工程监理所必要的监理人员出外考察、材料设备复试，其费用支出经委托人同意的，在预算范围内向委托人实报实销。	本款已作修改。 本款是关于监理人外出考察费用承担的约定。 《建设工程监理合同（示范文本）》（GF—2012—0202）删除了《建设工程委托监理合同（示范文本）》（GF—2000—2002）要求"在预算范围内实报实销的限制"，修改为"经委托人同意的外出考察费用由委托人予以支付"，反之，其费用由监理人自行承担。 根据工程实际情况，可能需要监理人员外出考察的情形包括：(1) 考察材料与监理工程类似的工程技术方案等；(2) 考察与监理工程类似的工程的施工业绩；(3) 考察承包单位或专业分包单位的情形。 监理人在确定需要外出考察之前，应与委托人协商一致，避免因考察费用的承担发生争议。
8.2 检测费用 委托人要求监理人进行的材料和设备检测所发生的费用，由委托人支付，支付时间在专用条件中约定。		本款是对检测费用承担的约定。 委托人要求监理人进行的材料和设备检测所发生的费用，由委托人承担。 监理人在确定实施检测之前，应与委托人协商一致，避免因检测费用的承担发生争议。 委托人与监理人可在"专用条件"中对发生费用的计算方式和支付时间作出补充约定。

《建设工程监理合同（示范文本）》（GF—2012—0202）第二部分 通用条件	《建设工程委托监理合同（示范文本）》（GF—2000—0202）第二部分 标准条件	对照解读
8.3 咨询费用 经委托人同意，根据工程需要由监理人组织的相关咨询论证会以及聘请相关专家等发生的费用由委托人支付，支付时间在专用条件中约定。	**第四十四条** 在监理业务范围内，如需聘用专家咨询或协助，由监理人聘用的，其费用由委托人承担；由委托人聘用的，其费用由委托人承担。	本款已作修改。 《建设工程监理合同（示范文本）》（GF—2012—0202）增加对"只要经委托人同意，相关咨询费用和聘请专家等费用均由委托人支付"，支付时间由委托人在专用条件中的"专用条件"中进一步明确。 根据工程需要，可能产生咨询费用的情形包括：（1）专项技术方案论证会；（2）专项材料或设备采购评标会；（3）质量事故分析论证会；（4）安全事故分析论证会等。 监理人在确定相关咨询论证会以及聘请相关专家之前，应与委托人协商一致，避免因咨询费用的承担发生争议。
8.4 奖励 监理人在服务过程中提出的合理化建议，使委托人获得经济效益的，双方在专用条件中约定奖励金额的确定方法。奖励金额在合理化建议被采纳后，与最近一期的正常工作酬金同期支付。	**第四十五条** 监理人在监理工作过程中提出的合理化建议，使委托人得到了经济效益，委托人应按专用条件中的约定给予经济奖励。	本款已作修改。 《建设工程监理合同（示范文本）》（GF—2012—0202）增加对合理化建议奖励金额全额的支付时间约定。 监理人在监理过程中提出的合理化建议使委托人获得了经济效益，有权按照"专用条件"约定获取经济奖励。 《建设工程监理与相关服务收费管理规定》第六条规定，建设工程优质优价的原则，应当体现质优价高，在保证工程质量的前提下，由于监理人提供的监理相关服务节省投资、缩短工期，取得显著经济效益的，发包人可根据合同约定奖励监理人。

《建设工程监理合同（示范文本）》（GF—2012—0202）第二部分 通用条件	《建设工程委托监理合同（示范文本）》（GF—2000—0202）第二部分 标准条件	对照解读
		建设工程监理与相关服务应遵循的基本原则是按照建设工程监理合同的约定，遵照国家有关法律法规和工程建设强制性标准和规范要求，采用先进的技术和管理方法，力求取得较好的经济效益。在保证监理工程质量的前提下，由于监理工程质量的具体表现形式之一。"优质优价"是价值规律的基本表现形式之一。"优质优价"在保证监理工程质量的前提下，由于监理人提供的监理与相关服务节省了投资，缩短了工期，取得显著经济效益的，委托人可根据监理合同的约定奖励监理人，以提高监理人提出合理化建议取得奖励的积极性。
8.5 守法诚信 监理人及其工作人员不得从事与实施工程有关的第三方处获得任何经济利益。	第四十六条 监理人驻地监理机构及其职员不得接受监理工程项目施工承包人的任何报酬或者经济利益。监理人不得参与可能与合同规定的与委托人的利益相冲突的任何活动。	本款已作修改。《建设工程监理合同（示范文本）》（GF—2012—0202）在《建设工程委托监理合同（示范文本）》（GF—2000—0202）的基础上，扩大了不得获得任何经济利益的限制范围，不仅包括施工承包人，还包括与实施工程有关的第三方，如勘察、设计、采购单位等。"守法诚信"原则是工程监理经营活动的基本准则，亦是任何民事活动都应遵守的基本原则。监理人及其工作人员应正确处理好利益发生冲突时的各种经济关系，严格遵守职业道德，不参与、不接受除建设工程监理合同约定报酬以外的任何经济利益，以保证监理行为的公正性。

《建设工程监理合同（示范文本）》（GF—2012—0202）第二部分 通用条件	《建设工程委托监理合同（示范文本）》（GF—2000—0202）第二部分 标准条件	对照解读
8.6 保密 双方不得泄露对方申明的保密资料，亦不得泄露与实施工程有关的第三方所提供的保密资料，保密事项在专用条件中约定。	**第四十七条** 监理人在监理过程中，不得泄露委托人申明的秘密，监理人亦不得泄露设计人、承包人等提供并申明的秘密。	《建筑法》第三十四条规定："工程监理单位与被监理工程的承包单位以及建筑材料、建筑配件和设备供应单位不得有隶属关系或者其他利害关系。" 本款已作修改。 《建设工程委托监理合同（示范文本）》（GF—2000—0202）在《建设工程监理合同（示范文本）》（GF—2012—0202）的基础上，扩大了保密的范围，不仅包括委托人、设计人、承包人，还包括工程实施与勘察、采购单位等。 监理人在合同期内或合同终止后，未征得有关方同意，不得泄露与委托监理工程、合同业务有关的保密资料；在监理过程中，不得泄露委托人申报的秘密，亦不得泄露其他第三方申明的秘密。 委托人与监理人双方均有合同附随义务即互相的保密义务。具体的保密事项和保密期限，委托人与监理人可在"专用条件"中进一步补充约定。 我国《合同法》第六十条规定："当事人应当按照约定全面履行自己的义务。当事人应当遵循诚实信用原则，根据合同的性质、目的和交易习惯履行通知、协助、保密等义务。"第九十二条规定："合同的权利义务终止后，当事人应当遵循诚实信用原则，根据交易习惯履行通知、协助、保密等义务。"

《建设工程监理合同（示范文本）》（GF—2012—0202）第二部分 通用条件	《建设工程委托监理合同（示范文本）》（GF—2000—0202）第二部分 标准条件	对照解读
8.7 通知 本合同涉及的通知均应当采用书面形式，并在送达对方时生效，收件人应书面签收。		本款为新增条款。 本款是关于通知的程序约定。 《建设工程监理合同（示范文本）》（GF—2012—0202）增加约定了通知的程序：通知必须采用书面形式，且在送达时生效；收件人也必须采用书面形式办理签收手续。 在此，建议增加约定：合同双方保证其在本合同中列明的通讯地址、电话均真实有效，如有变更，应在变更之日起5日内书面形式或无法通知对方。因双方地址不详或变更造成通知无法送达的责任由送达方承担。任何其他通讯往来在递交时视为送达，任何面呈之通知自递交之日起，任何以特快专递往来的通知在投邮之日起3日视为送达，任何以邮寄方式发出的通知在投邮之日起7日视为送达。任何以邮寄方式发出的有关通知，将视为向任何对方善意传递及发出。
8.8 著作权 监理人对其编制的文件拥有著作权。监理人可单独或与他人联合出版有关监理与相关服务的资料。除专用条件另有约定外，如果监理人在本合同履行期间及本合同终止后两年内出版涉及本工程的有关监理与相关服务的资料，应当征得委托人的同意。	**第四十八条** 监理人对于由其编制的所有文件拥有版权，委托人仅有权为本工程使用或复制此类文件。	本款已作修改。 《建设工程监理合同（示范文本）》（GF—2012—0202）在《建设工程委托监理合同（示范文本）》（GF—2000—0202）的基础上，增加对监理人涉及实施有关监理与相关服务资料的出版权。 通常情况下，委托人知识产权的所有权以及该图纸的所有权均属于委托人所有；而

《建设工程监理合同（示范文本）》（GF—2012—0202）第二部分 通用条件	《建设工程委托监理合同（示范文本）》（GF—2000—0202）第二部分 标准条件	对照解读
		监理人对其编制的与工程监理相关的所有服务资料拥有著作权。 对于涉及委托监理工程相关的监理及服务资料，如监理人在合同履行期间或在合同终止后二年内出版须征得委托人的同意，但双方在"专用条件"中有另外约定时除外。

备　注

第三部分

《建设工程监理合同（示范文本）》（GF—2012—0202）

"专用条件"

与

《建设工程委托监理合同（示范文本）》（GF—2000—0202）

"专用条件"

对照解读

《建设工程监理合同（示范文本）》（GF—2012—0202）第三部分 专用条件	《建设工程委托监理合同（示范文本）》（GF—2000—0202）第三部分 专用条件	对照解读
1. 定义与解释 **1.2 解释** **1.2.1** 本合同文件除使用中文外，还可用 _____ 。 **1.2.2** 约定本合同文件的解释顺序为：_____ 。		本款为新增条款。 1.2款是关于建设工程监理合同文件使用语言文字和解释顺序的补充约定。 "通用条件" 1.2.1款约定了合同文件使用的语言文字是中文。合同双方也可以在此约定使用其他语言文字，如填写还可用英文。 "通用条件" 1.2.2款提供了合同文件的解释顺序示例，合同双方可根据合同管理需要对"通用条件"的解释顺序进行调整，但不得违反有关法律的规定。

97

《建设工程监理合同（示范文本）》 （GF—2012—0202） 第三部分 专用条件	《建设工程委托监理合同（示范文本）》 （GF—2000—0202） 第三部分 专用条件	对照解读
2. 监理人义务 **2.1 监理的范围和内容** **2.1.1** 监理范围包括：○ **2.1.2** 监理工作内容还包括：○	**第四条** 监理范围和监理工作内容：○	本款已作修改。 《建设工程监理合同（示范文本）》（GF—2012—0202）将工程监理的范围和工作内容作了区分，并由委托人与监理人双方根据委托监理工程的特点和实际情况协商确定具体的监理范围。监理人与监理人应提供的在建设工程施工阶段的工程监理服务和勘察、设计、保修等阶段的相关服务。 监理范围应当填写与明确。如果委托人将同一工程不同阶段委托给几个监理人实施监理的，应在监理范围的界面划分上对各监理人做出明确约定。 除"通用条件" 2.1.2 款约定的 22 项监理基本工作内容外，委托人与监理人还可协商一致增加监理工作内容的内容。 监理人应注意：监理工作内容要与施工阶段的计算酬金的计算基数相结合。 在监理工作内容中，施工阶段的监理工作内容是建设工程监理工作的重点，施工阶段的监理工作主要包括： （1）施工阶段的质量控制内容 1）熟悉施工图，参加设计交底会议，提出相关施工意见。2）审查并批准施工组织设计，核查并签发施工必须遵循的设计要求、采用的技术标准、技术规程等质量文件。3）审批施工项目单位工程、分部工程和检验确定质量的划分，并依据监理规划分析、调整和确定质

《建设工程监理合同（示范文本）》 （GF—2012—0202） 第三部分 专用条件	《建设工程委托监理合同（示范文本）》 （GF—2000—0202） 第三部分 专用条件	对照解读
		量控制重点，质量控制工作流程和监理工作实施措施，制定质量控制的各项采施细则、规定及其他管理制度。4）检查督促承包人建立健全适合于本工程的质量管理体系，并能切实发挥作用，督促承包人进行全面质量管理工作。5）协助委托人移交与项目有关的测量控制网点，审查承包人提交的测量实施报告，并依据监理规范要求检查和复查各有关测量成果。6）审查批准承包人自建试验室或委托试验的试验室；审查及确定各项质量证明文件，工艺试验进行的材料、承包人按合同规定的人数及承包人按有关规定进行的试验。7）审查进场工程材料的质量证明文件，监理人可按合同约定进行一定数量的抽样检测测试验。8）对施工管理工作的开展现场管理，在施工过程中对重要部位、隐蔽工程和关键工序应采取旁站监理；对发现质量问题的施工现场及时记录和取得拍照或录像。9）组织或参与质量事故的调查，审批事故处理方案，并监督施工质量事故的处理。10）组织并主持分析、通报施工活动以消除影响质量的各种有关单位间的质量情况，协调会和分析、通报施工活动以消除影响质量的各种外部干扰因素。11）对工程等及时进行质量检验批、分部分项工程、单位工程及时进行质量检验收和质量评定工作。12）审查竣工资料，组织收和质量评定工作。

《建设工程监理合同（示范文本）》（GF—2012—0202）第三部分 专用条件	《建设工程委托监理合同（示范文本）》（GF—2000—0202）第三部分 专用条件	对照解读

竣工预验收。13）参与委托人组织的竣工验收，提交质量评估报告。

（2）施工阶段的投资控制内容

1）审核招标和合同文件中有关投资的条款；2）审核、分析各投标单位的投标报价；3）编制施工阶段各年度、季度、月度资金使用计划并控制其执行；4）利用投资控制软件每月进行投资计划值与实际值的比较，并提供各种报表；5）工程付款审核；6）审核其他付款申请单；7）审核及处理各项施工索赔中与投资有关的事宜。

（3）施工阶段的进度控制内容

1）熟悉招标文件和合同文件中有关进度的条款；2）审核、分析各投标单位的进度计划；3）审核施工总进度计划，并在项目施工过程中控制其执行，必要时，及时调整施工总进度；4）审核项目施工各阶段、年、季、月度的进度计划，并控制其执行，必要时作调整；5）在项目实施过程中，用计算机进行进度计划值与实际值的比较，月、每月、季、年提交各种进度控制报告。

（4）施工阶段的合同管理内容

1）合理划分子项目，明确各子项目的范围；2）确定项目的合同结构，绘制项目合同结构图；3）协助委托方处理有关索赔事宜，并处理合同纠纷；4）进行各类合同的跟踪管理并定期提供合同管理的各种报告。

《建设工程监理合同（示范文本）》（GF—2012—0202）第三部分 专用条件	《建设工程委托监理合同（示范文本）》（GF—2000—0202）第三部分 专用条件	对照解读
		（5）施工阶段的信息管理内容 1）进行各种工程信息的收集、整理、存档；2）定期提供各类工程项目管理报表；3）建立工程会议制度；4）督促各施工单位整理工程技术资料。 （6）施工阶段的组织与协调内容 1）检查施工许可等手续的办理情况，向委托人提交报查报告；2）审查工程开工条件，检查施工前的各项准备工作；3）复核和审查施工单位、分包单位的资格；4）组织、协调委托人与施工单位之间的关系。 （7）施工阶段的风险管理内容 1）制订风险管理策略；2）在合同中采取有利的反索赔方案；3）制订合理的工程保险投保方案；4）工程变更管理；5）协助处理索赔及反索赔事宜；6）协助处理与保险有关的事宜。 （8）施工阶段的现场安全文明管理内容 1）审核施工安全专项方案，督促施工单位落实安全保证体系；2）督促施工单位履行施工安全、文明保障义务；3）组织工地安全检查；4）制订项目委托人方的应急措施；5）协助处理安全事故；6）组织工地卫生及文明检查；7）协调处理工地的各种纠纷；8）组织落实工地的保卫及产品保护工作。

《建设工程监理合同（示范文本）》（GF—2012—0202）第三部分 专用条件	《建设工程委托监理合同（示范文本）》（GF—2000—0202）第三部分 专用条件	对照解读
2.2 监理与相关服务依据		本款已作修改。
2.2.1 监理依据包括：	**第二条** 本合同适用的法律及监理依据：	《建设工程监理合同（示范文本）》（GF—2012—0202）将监理依据及相关服务依据作了区分，并由委托人与监理人可根据工程的行业和地域特点，在"通用条件"2.2.1款约定的四项监理依据以外，增加其他监理依据。
2.2.2 相关服务依据包括：		监理相关服务依据，例如可填写：（1）相应的法律、行政法规、部门规章、委托监理工程所在地的地方性法规和政府规章；（2）委托监理工程所在地的标准和规范；（3）委托监理工程的设计图纸等技术性文件；（4）本合同以及以后所签订的补充或变更协议；（5）委托人与第三方所签订的与监理服务相关的其他合同；（6）委托监理工程实施过程中有关的来往函件。
2.3 项目监理机构和人员		本款为新增条款。
2.3.4 更换监理人员的其他情形：		本款是关于更换项目监理机构人员的补充约定。委托人与监理人在"通用条件"2.3.4款约定的四项情形外，还可增加其他更换监理人员的情形，例如填写监理人员存在与第三人串通损害委托人利益的行为等。为保证监理工作的顺利进行，尽量避免扩大更换监理人员的情形。

《建设工程监理合同（示范文本）》（GF—2012—0202）第三部分 专用条件	《建设工程委托监理合同（示范文本）》（GF—2000—0202）第三部分 专用条件	对照解读
2.4 履行职责 **2.4.3** 对监理人的授权范围：_____。		本款为新增条款。 本款是关于监理人员在履行职责方面的补充约定。 2.4.3款明确填写委托监理人对监理人的授权监理范围。 例如可填写：(1) 审查承包人拟选择的分包项目和分包人，报委托人批准。(2) 审查承包人提交的施工组织设计、安全技术措施及专项施工方案等各类文件。(3) 检查并签发施工图纸。(4) 签发合同项目开工令、暂停施工指示，但应事先征得委托人同意；签发进场通知、复工通知。(5) 审核和签发工程计量、付款凭证、工程计量数量及相应岗位资格，有权要求承包人现场人员能胜任本职工作的现场工作人员。(6) 核查承包人现场人员的岗位资格，有权要求承包人撤换不能胜任本职工作的现场工作人员。(7) 发现现场施工设备影响工程质量或进度时，有权要求承包人增加或更换施工设备等。 授权监理的范围一定要写清楚，不能笼统含糊。授权监理的范围通常要与工程项目总概算、单位工程概算所涵盖的工程范围相一致，或与工程总承包合同、分包合同所涵盖的工程范围相一致。 委托人授予监理人的权限大小，要根据自身的管理能力、建设工程项目的特点及需要等因素综合考虑。

《建设工程监理合同（示范文本）》（GF—2012—0202）第三部分 专用条件	《建设工程委托监理合同（示范文本）》（GF—2000—0202）第三部分 专用条件	对照解读
在涉及工程延期____天内和（或）____金额____万元内的变更，监理人不需请示委托人即可向承包人发布变更通知。		在涉及工程延期和费用变更时，在本款约定的额度内监理人无需请示委托人即可自行向承包人发出变更通知。例如可填写工程延期3天内和（或）金额人民币3万元内。
2.4.4 监理人有权要求承包人调换其人员的限制条件：____。		委托人与监理人可协商在2.4.4款中确定监理人对承包人人员作出调换时的具体要求。为保障工程施工的连续性和承包人的顺利进行，承包人员出现不当行为时，应根据其危害程度，可首先提出警告，无效果时监理人再行发出调换的书面决定通知承包人，监理人应谨慎作出调换决定。
2.5 提交报告 监理人应提交报告的种类（包括监理规划、监理月报及约定的专项报告）、时间和份数：____。		本款为新增条款。 本款是关于监理人应提交的技术资料的补充约定。 本款可以如下表格的形式确定，简单清晰。

序号	名称	份数	时间	备注
1	监理规划报告			
2	监理月报			
3	质量控制实施细则			
4	进度控制报告			
5	分部、分项质量评估报告			
6	……			

《建设工程监理合同（示范文本）》（GF—2012—0202）第三部分 专用条件	《建设工程委托监理合同（示范文本）》（GF—2000—0202）第三部分 专用条件	对照解读
2.7 使用委托人的财产 附录 B 中由委托人无偿提供的房屋、设备的所有权属于：_____。 监理人应在本合同终止后____天内移交委托人无偿提供的房屋、设备，移交的时间和方式为：_____。		本款为新增条款。 本款是关于监理人使用委托人财产的补充约定。 一般情况下，监理人所需委托的办公和生活设施由委托人提供，而检测工具由监理人自备。监理人应注意将委托人在附录 B 中提供的设施与自备的设施予以区分。如由委托人无偿提供的房屋、设备的所有权属于委托人，则在此处直接填写委托人。 监理人应在本监理合同终止后尽快移交委托人提供的工作设施，例如可填写在合同终止后 28 天内移交，移交的方式可选择分批次移交、一次性移交、按委托人指示移交付第三方等。

《建设工程监理合同（示范文本）》（GF—2012—0202）第三部分 专用条件	《建设工程委托监理合同（示范文本）》（GF—2000—0202）第三部分 专用条件	对照解读
3. 委托人义务 **3.4 委托人代表** 委托人代表为：_____。	**第十二条 委托人代表** 委托人的常驻代表为：_____。	本款未作修改。 本款是关于委托人代表的补充约定。 委托人应授权一名委托人代表，与监理人授权代表建立工作联系。此处填写的委托人的授权代表的姓名。 为了保持工程管理的统一性，委托人的常驻代表最好与施工承包合同中约定的甲方现场代表相一致。 建议增加委托人代表的签名式样并附后，以免因出现现场代表签字等情形时发生争议。
3.6 答复 委托人同意在_____天内，对监理人书面提交并要求做出决定的事宜给予书面答复。	**第十一条** 委托人应在_____天内对监理人书面提交并要求作出决定的事宜作出书面答复。	本款未作修改。 本款是关于委托人给予监理人答复期限的补充约定。 委托人根据监理人有关对委托监理工程的工期、质量、投资和安全等事宜的请示应及时予以决定。对监理人书面提交的请示给予书面答复的期限，应自收到书面请示之日起最长不超过7天，重大问题不得超过14天。逾期未给予书面答复应视为委托人同意，以便于监理人顺利、及时地处理建设工程监理与相关服务工作。

《建设工程监理合同（示范文本）》（GF—2012—0202）第三部分 专用条件	《建设工程委托监理合同（示范文本）》（GF—2000—0202）第三部分 专用条件	对照解读
	第九条 外部条件包括：_____。	《建设工程监理合同（示范文本）》（GF—2012—0202）将《建设工程委托监理合同（示范文本）》（GF—2000—0202）"专用条件"的第九条予以删除。
	第十条 委托人应提供的工程资料及提供时间：_____。	
	第十五条 委托人免费向监理机构提供如下设施：_____监理人自备的，委托人给予补偿的设施如下：_____ 补偿金额＝_____；	《建设工程监理合同（示范文本）》（GF—2012—0202）将《建设工程委托监理合同（示范文本）》（GF—2000—0202）"专用条件"的第十条、第十五条、第十六条予以删除，而是将委托人免费提供给监理人的设施、设备、人员及提供的具体时间以附录B列表的形式予以了明确。
	第十六条 在监理期间，委托人免费向监理人提供_____名工作人员，由总监理工程师安排其工作，凡涉及服务时，此类职员只应从总监理工程师处接受指示。并免费提供_____名服务人员。监理机构应与此类服务的提供者合作，但不对此类人员及其行为负责。	

《建设工程监理合同（示范文本）》（GF—2012—0202）第三部分 专用条件	《建设工程委托监理合同（示范文本）》（GF—2000—0202）第三部分 专用条件	对照解读
4. 违约责任 **4.1 监理人的违约责任** **4.1.1** 监理人赔偿金额按下列方法确定： 赔偿金＝直接经济损失×正常工作酬金÷工程概算投资额（或建筑安装工程费）	**第二十六条** 监理人在责任期内如果失职，同意按以下办法承担责任，赔偿损失［累计赔偿额不超过监理报酬总数］： 赔偿金＝直接经济损失×报酬比率（扣除税金）	本款已作修改。 本款是关于监理人违约的赔偿责任金额的补充约定。 《建设工程监理合同（示范文本）》（GF—2012—0202）删除了《建设工程委托监理合同（示范文本）》（GF—2000—0202）关于监理人赔偿损失限额的约定。 监理人违反合同约定，造成损失的，应按4.1.1款补充约定的计算公式所得全额赔偿委托人的损失。
4.2 委托人的违约责任 **4.2.3** 委托人逾期付款利息按下列方法确定： 逾期付款利息＝当期应付款总额×银行同期贷款利率×拖延支付天数		本款为新增条款。 本款是关于委托人逾期付款的赔偿责任的补充约定。 委托人未能按期支付监理人酬金超过28天，应按4.2.3款补充约定的计算公式支付监理人逾期付款利息。

《建设工程监理合同（示范文本）》（GF—2012—0202）第三部分 专用条件	《建设工程委托监理合同（示范文本）》（GF—2000—0202）第三部分 专用条件	对照解读
5. 支付 **5.1 支付货币** 币种为：____，比例为：____，汇率为：____。	**第四十一条** 双方同意用____支付报酬，按____汇率计付。	本款已作修改。 本款是关于支付货币的补充约定。在中华人民共和国境内，通常监理酬金全支付均以人民币作为其支付货币。如以美元、欧元等其他币种进行支付时，委托人与监理人应协商一致明确在监理酬金全总额中所占的具体比例，尤其是明确明确汇率或按何时的汇率来支付。
5.3 支付酬金 正常工作酬金的支付：	**第三十九条** 委托人同意按以下的计算方法、支付时间与金额，支付监理人的报酬：____	本款已作修改。 《建设工程监理合同（示范文本）》（GF—2012—0202）将正常工作酬金的支付以表格形式予以约定，更加清晰、明确。 例如可约定如下： 首付款，支付比例可填写签约酬金全的20%； 第二次付款，支付时间可填写委托监理工程主体结构封顶验收合格后14天内，支付比例可填写签约酬金全的40%； 第三次付款，支付时间可填写委托监理工程验收合格后14天内，支付比例可填写签约酬金全的25%； 第四次付款，支付时间可填写委托监理工程竣工交付使用后14天内，支付比例可填写签约酬金全的10%； 最后付款，一次性付清余款。

正常工作酬金的支付：

支付次数	支付时间	支付比例	支付金额（万元）
首付款	本合同签订后7天内		
第二次付款			
第三次付款			
......			
最后付款	监理与相关服务期届满14天内		

《建设工程监理合同（示范文本）》（GF—2012—0202）第三部分　专用条件	《建设工程委托监理合同（示范文本）》（GF—2000—0202）第三部分　专用条件	对照解读
6. 合同生效、变更、暂停、解除与终止 **6.1　生效** 本合同生效条件：_____。		本款为新增条款。 本款是关于建设工程监理合同生效条件的补充约定。 建设工程监理合同通常是委托人和监理人的法定代表人或其授权代理人签字并盖单位公章后生效。 如委托人和监理人对合同生效条件有特殊约定时，可在此处填写。
6.2　变更	**第三十九条**　委托人同意按以下的计算方法、支付时间与金额，支付附加工作报酬： （报酬＝附加工作日数×合同报酬／监理服务日）	本款已作修改。 本款是关于建设工程监理合同发生变更时，如何确定监理酬金的补充约定。
6.2.2　除不可抗力外，因非监理人原因导致本合同期限延长时，附加工作酬金按下列方法确定： 　附加工作酬金＝本合同期限延长时间（天）×正常工作酬金÷协议书约定的监理与相关服务期限（天）		6.2.2 款是关于非监理人原因导致监理合同期限延长、增加的监理工作时间、工作内容视为附加工作。委托人应按本款确定的方法支付监理人附加工作酬金。
6.2.3　附加工作酬金按下列方法确定： 　附加工作酬金＝善后工作及恢复服务的准备工作时间（天）×正常工作酬金÷协议书约定的监理与相关服务期限（天）	委托人同意按以下的计算方法、支付时间与金额，支付额外工作报酬：_____。	6.2.3 款的约定明确了合同生效后，实际情况发生变化使得监理人不能完成全部或部分监理工作，其善后工作以及恢复监理的准备工作视为附加工作。委托人应支付监理人附加工作酬金。

《建设工程监理合同（示范文本）》（GF—2012—0202）第三部分 专用条件	《建设工程委托监理合同（示范文本）》（GF—2000—0202）第三部分 专用条件	对照解读
6.2.5 正常工作酬金增加额按下列方法确定： 正常工作酬金增加额＝工程投资额或建筑安装工程费增加额×正常工作酬金÷工程概算投资额（或建筑安装工程费） **6.2.6** 因工程规模、监理范围的变化导致监理人的正常工作量减少时，按减少工作量的比例从约定的正常工作酬金中扣减相同比例的酬金。		6.2.5 款的约定明确了非监理人原因造成工程概算投资额或建筑安装工程费增加时，正常工作酬金也应作相应调整。委托人应按本款确定的计算方法支付监理人正常工作酬金增加额。 6.2.6 款的约定明确了因工程规模和监理范围变化导致监理人的正常工作量相应减少时，委托人应按本款扣减监理人相应比例的酬金。

111

《建设工程监理合同（示范文本）》（GF—2012—0202）第三部分 专用条件	《建设工程委托监理合同（示范文本）》（GF—2000—0202）第三部分 专用条件	对照解读
7. 争议解决 **7.2 调解** 本合同争议进行调解时，可提交___进行调解。 **7.3 仲裁或诉讼** 合同争议的最终解决方式为下列第___种方式： （1）提请___仲裁委员会进行仲裁。 （2）向___人民法院提起诉讼。	**第四十九条** 本合同在履行过程中发生争议时，当事人双方应及时协商解决。协商不成时，双方同意由仲裁委员会仲裁（当事人双方不在本合同中约定仲裁机构，事后又未达成书面仲裁协议的，可向人民法院起诉）。	本款为新增条款。 本款是关于委托人与监理人双方共同选择调解人的补充约定。 如委托人与监理人在发生争议后，愿意提交共同选定的调解人进行调解的，适用本款。 本款已作修改。 本款是关于合同双方对发生合同争议时最终解决方式的补充约定。 委托人与监理人双方经协商一致，根据委托监理工程的具体情况，可选择其中一种方式解决争议事项。 选择第一种方式时，下画线处必须填写具体的仲裁机构名称，如：中国国际经济贸易仲裁委员会。 选择第二种方式时，应向有管辖权的人民法院提起诉讼。委托人住所地法院、委托人与监理人可以选择在委托人和监理人住所地法院、本合同履行地法院，合同签订地法院之中作出选择，未作出选择的，原则上由被告所在地法院管辖。 仲裁属于民间解决纠纷的一种机制。仲裁机构互不隶属，没有地域管辖和级别管辖。仲裁一裁终局，不得上诉。 法院代表的是国家公权力。法院上下级之间

《建设工程监理合同（示范文本）》（GF—2012—0202）第三部分 专用条件	《建设工程委托监理合同（示范文本）》（GF—2000—0202）第三部分 专用条件	对照解读
		是指导、监督的关系。判决和部分裁定可以上诉，实行两审终审制度。 仲裁作为一种处理民事争议的快速解决方式，具有如下优点：（1）仲裁是一种快速解决争议的方式，一般来说费用也较低，而以诉讼解决规则比较慢，且费用往往偏高。（2）仲裁员由各方面专家组成，专家仲裁员既具社会威望，又具权威性和说服力，熟悉法律规范，审理案件更具专业知识，比通过诉讼对当事人之间的交易继续进行。（3）仲裁以不公开开庭为原则，有利于保护当事人的商业秘密，而通过诉讼则难以做到这一点。（4）通过仲裁的方式解决争议，当事人可以自愿选择仲裁机构、仲裁员、仲裁庭的组成人员和人选，诉讼当事人无权过问。仲裁的裁决可以经双方协商在裁决书上不写明争议事实和裁决理由。（5）我国《仲裁法》规定，仲裁裁决与法院判决具有同样的执行力。同时，根据《联合国承认和执行外国仲裁裁决的公约》规定，仲裁裁决书可以在全球100多个国家和地区得到承认和执行。也就是说，我国仲裁机构所作出的裁决和可在香港和台湾地区得到法院的承认、执行、快速、有效地实现当事人的合法权益。

《建设工程监理合同（示范文本）》 （GF—2012—0202） 第三部分 专用条件	《建设工程委托监理合同（示范文本）》 （GF—2000—0202） 第三部分 专用条件	对照解读
8. 其他 **8.2 检测费用** 委托人应在检测工作完成后____天内支付检测费用。		本款为新增条款。 本款是关于检测费用支付期限的补充约定。 经委托人要求进行的材料和设备检测所发生费用的补充约定，例如可填写发生费用时间支付时间支付检测工作完成后 14 天内支付检测费用。
8.3 咨询费用 委托人应在咨询工作完成后____天内支付咨询费用。		本款为新增条款。 本款是关于咨询费用支付期限的补充约定。 经委托人同意聘请相关专家等所发生的咨询及论证会及相关发生的咨询费用的补充约定，例如可填写委托人应在咨询工作完成后 14 天内支付咨询费用。
8.4 奖励 合理化建议的奖励金额按下列方法确定为： 奖励金额＝工程投资节省省额×奖励金额的比率； 奖励金额的比率为____％。	**第四十五条 奖励办法：** 奖励金额＝工程费用节省省额×报酬比率	本款已作修改。 本款是关于监理人合理化建议奖励金额计算方法的补充约定。 本款是监理人在监理服务过程中提出合理化建议，使委托人获得经济效益时的奖励金额确定方法的补充约定。 《建设工程监理合同（示范文本）》（GF—2012—0202）增加对奖励金额比率的约定，例如可填写奖励金额的比率为 15%。

114

《建设工程监理合同（示范文本）》（GF—2012—0202） 第三部分 专用条件	《建设工程委托监理合同（示范文本）》（GF—2000—0202） 第三部分 专用条件	对照解读
8.6 保密 委托人申明的保密事项和期限：_____。 监理人申明的保密事项和期限：_____。 第三方申明的保密事项和期限：_____。		本款为新增条款。 本款是关于合同相关方相互保密义务的补充约定。 合同相关方即委托人、监理人、第三方对各自应保密的信息进行申明并详细划定保密事项的种类、范围和保密期限。 例如保密期限可约定为"本合同终止之日起五年内"。 对相对方声明的保密信息，各方未征得对方同意，均有不得泄露的义务。
8.8 著作权 监理人在本合同履行期间及本合同终止后两年内出版及本工程的有关监理与相关服务的资料的限制条件：_____。		本款为新增条款。 本款是关于监理人著作权的补充约定。 本款是监理人出版委托监理工程的有关监理与相关服务资料时的约定。 例如可填写监理人有权出版与本项目或本合同监理服务有关的资料，但未经委托人同意，前述出版物中不得涉及委托人的专利、专有技术以及商业秘密。

115

《建设工程监理合同（示范文本）》 （GF—2012—0202） 第三部分　专用条件	《建设工程委托监理合同（示范文本）》 （GF—2000—0202） 第三部分　专用条件	对照解读
9. 补充条款: 　　　　　　　　　　　○	附加协议条款: 　　　　　　　　　　　○	由于示范文本的使用不具有强制性，因此双方可充分利用本补充条款，将在"通用条件"中未作约定的，且委托人与监理人认为需要进行特别约定的内容及/或该约定在"通用条件"中予以了约定，但对该约定的内容委托人与监理人认为需要补充、修改，甚至删除的内容，可直接在此处予以明确。

备注

备注

第四部分

《建设工程监理合同（示范文本）》（GF—2012—0202）

"附录"

与

《建设工程委托监理合同（示范文本）》（GF—2000—0202）

对照解读

《建设工程监理合同（示范文本）》（GF—2012—0202）第四部分 附录	《建设工程委托监理合同（示范文本）》（GF—2000—0202）	对照解读
附录 A　相关服务的范围和内容 A-1　勘察阶段：_____		《建设工程委托监理合同（示范文本）》（GF—2000—0202）未提供"附录"。 根据《建设工程监理合同（示范文本）》（GF—2012—0202）"通用条件"1.2.2款的约定，附录 A 是组成建设工程监理合同文件的重要文件之一。 根据《建设工程监理合同（示范文本）》（GF—2012—0202）"通用条件"2.1.3款的约定，相关服务的范围和内容由委托人与监理人在本款中详细约定。 相关服务是指监理人按照合同约定，在勘察、设计、招标、保修等阶段提供的服务内容。 A-1　勘察阶段的服务内容主要有： 1. 协助委托人编制勘察任务书，选择勘察单位并签订勘察合同； 2. 管理委托人与勘察单位签订的有关合同、协议，督促勘察单位按合同和协议要求及时提供合格的勘察成果； 3. 核查勘察方案是否符合批准的勘察任务书，以及是否符合勘察合同的规定； 4. 监督实施勘察方案，并参加勘察成果的验收。

121

《建设工程监理合同（示范文本）》（GF—2012—0202） 第四部分　附录	《建设工程委托监理合同（示范文本）》（GF—2000—0202）	对照解读
A-2　设计阶段： _____。		A-2　设计准备阶段的服务内容 1. 设计准备阶段服务内容 　（1）设计准备阶段的投资控制 　1）在可行性研究的基础上，进行项目总投资目标的分析、论证；2）编制项目总投资初步分解和步规划；3）分析总投资目标实现的风险，编制投资风险管理的初步方案；4）编制设计任务书中有关投资控制的内容；5）对设计方案提出投资评价建议；6）根据选定的方案审核项目总投资估算；7）编制设计阶段资金使用计划并控制其执行；8）编制各种投资控制报表和报告。 　（2）设计准备阶段的进度控制 　1）分析、论证总进度目标；2）编制项目实施总进度规划，包括设计、招标、采购、施工等全过程和项目实施各个方面的工作；3）分析总进度目标实现的风险，编制进度风险管理的初步方案；4）审核设计进度计划并控制其执行；5）编制设计任务书中有关进度控制的内容；6）编制各种进度控制报表和报告。 　（3）设计准备阶段的质量控制 　1）进一步理解委托方项目意图，论证项目的功能要求，协助委托方确定项目的质量要求和标准；3）分析质量目标实现的风险，编制质量风险管理的初步方案；4）编制项目的功能

对照解读	《建设工程委托监理合同（示范文本）》（GF—2000—0202）	《建设工程监理合同（示范文本）》（GF—2012—0202）第四部分 附录
描述书及主要空间的房间手册；5）编制设计任务书；6）比较设计方案是否符合合意设计竞选文件的要求；7）编制准备阶段总结报告。 （4）设计准备阶段的合同管理 1）分析、论证项目实施的特点及环境，编制项目合同管理的初步规划；2）进一步分析项目实施的风险、编制项目风险管理方案；3）从合同管理的角度为设计十文件的编制提出建议；4）协助委托人设计竞选或设计招标，根据设计竞选或设计招标的结果，提出委托设计合同结构；5）协助委托方起草设计合同，参与设计合同的谈判、签订工作；6）从目标控制的角度分析设计合同的风险，制定设计合同管理方案；7）分析、编制索赔管理方案，以防范索赔事件的发生。 （5）设计准备阶段的信息管理 1）进行信息分类，建立项目的信息编码体系；2）编制项目信息管理制度；3）收集、整理、分类归档各种项目管理信息；4）协助委托方建立会议制度，管理各种项目管理会议记录；5）建立各种报表和报告制度，确保信息流畅通、及时、准确；6）向设计单位提供所需的各种资料及外部条件的证明书；7）填写项目管理工作日志；8）每月向委托方递交项目管理月报；9）运用计算机进行项目信息管理，随时向委托方提供有关项目管理的各类信息、各种报表和报告；		

《建设工程监理合同（示范文本）》（GF—2012—0202） 第四部分 附录	《建设工程委托监理合同（示范文本）》（GF—2000—0202）	对照解读
		10）将所有项目管理信息分类装订成册，在项目管理工作结束后递交委托方。 （6）设计准备阶段的组织与协调 1）分析项目实施的特点及环境，提出项目实施的组织方案；2）协助委托方分析委托方的组织结构，对委托方的组织进行必要的调整；3）编制项目管理总体规划，包括项目管理班子内部的工作分工、工作流程的制定、标准设计工作格式的制定、建立管理制度等；4）编制设计工作的组织方案并控制其实施，工作流程的制定、工作班子内部的工作分工、建立管理制度的制定；5）协助委托方标准文件格式的制定；6）协助委托方办理设计审批手续；7）根据设计竞赛及评审结果，提出委托设计单位的建议；8）协调设计准备过程中的各种工作关系，协助委托方解决有关纠纷事宜。 2. 设计阶段的服务内容 （1）设计阶段的投资控制 1）在可行性研究的基础上，进一步进行设计、审核项目总投资估算，论证、2）根据方案设计目标的分析，供委托方确定投资设计、审核项目总投资估算，并基于优化方案协助委托方对估算作出调整；3）进一步编制项目总投资切块，分解规划，并在设计过程中控制其执行；在设计过程中若有必要，及时提出调整总投资概算、分解规划的建议；4）审核项目总投资概算，在

124

《建设工程监理合同（示范文本）》（GF—2012—0202）第四部分 附录	《建设工程委托监理合同（示范文本）》（GF—2000—0202）	对照解读
		设计深化过程中严格控制在总概算所确定的投资计划值中，对设计概算值作出评价报告和建议；5）根据工程概算和工程进度表，编制设计阶段资金使用计划，并控制其执行；6）从设计、施工、材料和设备等多方面作必要的市场调查分析和技术经济比较论证，并提出咨询报告，如发现设计可能突破投资目标，则协助设计人员提出解决办法，供委托方参考；7）审核施工图预算，调整投资计划；8）采用价值工程方法，在充分满足项目功能的条件下考虑进一步挖掘节约投资的潜力；9）进行投资计划值和实际值的动态跟踪比较，并提出各种投资控制值报表和报告；10）控制设计变更，注意检查变更设计的结构性、经济性，建筑造型和使用功能是否满足委托方的要求。 （2）设计阶段的进度控制 1）参与编制项目总进度计划，有关施工进度与施工监理单位协商讨论；2）审核设计方提出的详细的设计工作进度计划和出图计划，并控制其执行，避免发生因设计进度推迟造成施工单位因设计单位原因进行进度索赔；3）协助起草甲要主要进口材料和设备的采购计划，审核起草主要进口结构设备清单；4）协助委托方确定包含合同结构构及招投标方式；5）督促委托方对设计文件尽快作出决策和审定；6）在项目实施过程中进行进度计

《建设工程监理合同（示范文本）》 （GF—2012—0202） 第四部分 附录	《建设工程委托监理合同（示范文本）》 （GF—2000—0202）	对照解读
		划值和实际值的比较，并提交各种进度控制报表和报告（月报、季报、年报）；7）协调室内外装修设计、专业设备设计与主设计的关系，使专业设计进度能满足施工进度的要求。 （3）设计阶段质量控制 1）协助委托方进一步确定项目质量的要求，并和标准，满足有关部门质量评定标准要求，作为向质量控制目标值，参与分析和评估建筑物使用功能、面积分配、建筑设计标准等，根据委托方的要求，编制详细的设计要求文件，作为向设计优化任务书的一部分。2）研究图纸、技术说明和计算书等设计文件，发现问题，及时向设计单位提出；对设计变更进行技术经济合理性分析，并按照规定的程序办理设计变更手续，凡对投资及进度带来影响的变更，需会同委托方核签。3）审核各设计阶段的图纸、技术说明和计算书等设计文件是否符合国家有关设计规范、有关设计标准，并根据有关设计质量获得有关设计质量要求。据需要提出修改意见，争取设计质量获得审部门审查通过。4）在设计进展过程中，协助审核设计是否符合委托方对设计质量的特殊要求，并根据需要要提出修改意见。5）若有必要，并组织有关专家对结构方案进行分析、论证，以确定结构的可靠性，进一步降低施工建造成本。6）协助智能化设计和供货单位进行大楼智能化总体设计方案的技术经济分析。

《建设工程监理合同（示范文本）》（GF—2012—0202）第四部分 附录	《建设工程委托监理合同（示范文本）》（GF—2000—0202）	对照解读
		7) 对常规设备系统的技术经济进行分析，并提出改进意见。8) 审核有关水、电、气等系统设计与有关工程规范、地块市政条件是否相符合，争取获得有关部门审查通过。9) 审核施工图设计是否有足够的深度，是否满足施工性的要求，以确保施工进度计划的顺利进行。10) 对项目所采用的主要设备、材料充分了解其用途，并作出市场调查与分析；对设备、材料的选用提出咨询报告，在满足功能要求的条件下，尽可能降低工程成本。11) 会同有关部门对设计文件进行审核，必要时组织专家论证。 (4) 设计阶段的合同管理 1) 协助委托方确定设计合同结构；2) 协助委托方选择标准合同文本，起草设计合同及特殊条款；3) 从投资控制、进度控制和质量控制的角度分析设计合同条款、分析合同执行过程中可能出现的风险及如何进行风险转移；4) 参与设计合同谈判；5) 进行设计合同执行情况的跟踪管理，包括合同执行情况检查，以及合同的修改、签订补充协议等事宜；6) 分析可能发生索赔事件的原因，制定防范性对策，减少委托方索赔事件的发生，协助委托方处理有关设计合同的索赔事宜，并处理合同管理的纠纷事宜；7) 向委托方递交有关合同管理的报表和报告。

《建设工程监理合同（示范文本）》（GF—2012—0202）第四部分 附录	《建设工程委托监理合同（示范文本）》（GF—2000—0202）	对照解读
		（5）设计阶段的信息管理 1）对设计阶段的信息进行分解，建立设计阶段工程信息编码体系；2）建立设计阶段信息管理制度，并控制其执行；3）进行设计阶段信息各类工程信息的收集、分类存档和整理；4）运用计算机进行项目的信息管理，随时向委托方提供项目管理各种报表和报告；5）协助委托方建立有关会议制度，整理会议记录；6）督促设计单位整理工程技术经济资料、档案；7）协助委托方进行设计图纸和设计文件的分发、管理；8）填写项目管理工作月报，每月向委托方递交设计阶段项目管理工作月报；9）将所有设计文档（包括图纸、技术说明、来往函件、会议纪要、政府批件等）装订成册，在项目结束后递交委托方。 （6）设计阶段组织与协调的任务 1）协助委托方协调与设计单位之间的关系，及时处理有关问题，使设计工作顺利进行；2）协助委托方处理设计与各市政部门和主管部门的联系，摸清有关设计参数和要求；3）协助委托方做好方案及扩初审批的准备工作，协助处理和解决方案和扩初审批中的有关问题；4）协助委托方协调设计与招投标施工之间的关系；5）协助委托方协调设计主体设计与专业细部设计，以及设计方进行主体设计与专业工种设计、中外合作设计以及设计各专业工种之间的协调。

128

《建设工程监理合同（示范文本）》（GF—2012—0202）第四部分 附录	《建设工程委托监理合同（示范文本）》（GF—2000—0202）	对照解读
A-3 保修阶段：_____。		A-3 保修阶段的服务内容主要有： 1. 协助委托人与施工单位签订保修协议； 2. 制订保修阶段工作计划； 3. 定期检查项目使用和运行情况； 4. 检查和记录工程质量缺陷，对缺陷原因进行调查分析并确定责任归属，下达指令要求承包人进行修复； 5. 审核质量缺陷修复方案，监督修复过程并进行验收； 6. 审核签署修复费用，并报委托人批准支付； 7. 整理保修阶段的各项资料。
A-4 其他（专业技术咨询、外部协调工作等）：_____。		A-4 其他阶段的服务内容主要有： 1. 专业技术咨询 （1）建设项目可行性研究；（2）提供改造交通、供水、供电设施的技术方案论证；（3）专项材料或设备采购评标等。 2. 外部协调工作 （1）与建设主管部门、安全质量监督机构、城市规划部门、卫生防疫部门、人防技检等行政主管部门之间的协调与处理；（2）水、电、燃气、电信等市政配套的协调与处理等。

129

《建设工程监理合同（示范文本）》 （GF—2012—0202） 第四部分　附录	《建设工程委托监理合同（示范文本）》 （GF—2000—0202）	对照解读
附录 B　委托人派遣的人员和提供的 房屋、资料、设备 **B-1　委托人派遣的人员** 	名称	数量	工作要求	提供时间
---	---	---	---
1.工程技术人员			
2.辅助工作人员			
3.其他人员			
……						《建设工程委托监理合同（示范文本）》（GF—2000—0202）未提供"附录"。 根据《建设工程监理合同（示范文本）》（GF—2012—0202）"通用条件"1.2.2款的约定，附录 B 是组成建设工程监理合同文件的重要文件之一。 根据《建设工程监理合同（示范文本）》（GF—2012—0202）"通用条件"3.2款的约定，委托人应按照附录 B 约定，无偿向监理人提供工程有关的资料。 根据《建设工程监理合同（示范文本）》（GF—2012—0202）"通用条件"3.3.1款的约定，委托人应按照附录 B 约定，派遣相应的人员，提供房屋、设备，供监理人无偿使用。 **B-1　委托人派遣的人员** 委托人派遣的人员中，（1）工程技术人员主要包括：委托人代表，项目总工程师等；（2）辅助工作人员主要包括：行政管理人员、财务管理人员等；（3）其他人员主要包括：司机、保洁人员等。 委托人派遣的人员数量根据监理工程具体情况分别确定，例如可填写委托人代表一人；保洁人员两人等。

130

《建设工程监理合同（示范文本）》（GF—2012—0202）第四部分 附录	《建设工程委托监理合同（示范文本）》（GF—2000—0202）	对照解读
B-2 委托人提供的房屋 **B-3 委托人提供的资料**		委托人派遣的人员工作要求，例如可填写项目总工程师每周在工地的工作时间不少于3天；财务管理人员每周在工地的工作时间不少于2天等。 委托人派遣的人员提供时间可根据监理期限来确定。 B-2 委托人提供的房屋 委托人提供的房屋，主要包括：办公用房、生活用房、样品用房。 委托人提供的房屋数量、房屋面积根据监理工作的具体情况分别填写，例如可填写提供的办公用房两间，每间房屋的面积不少于30m²；提供样品用房一间，房屋的面积不少于40m²。 委托人提供的房屋时间可根据监理期限来确定。 用餐及其他生活条件，主要包括：（1）一日三餐；（2）生活用房等。 B-3 委托人提供的资料 委托人提供的资料，主要包括：工程立项文件、工程勘察文件、工程设计及施工图纸、工程承包合同、施工许可文件等。 委托人提供的资料份数，可根据实际需要填写，例如可填写工程立项文件4份；工程承包合同1份。 委托人提供的资料时间，例如可填写工程勘察资料完成之日起3天内提供；勘察资料在合同签订之日起3天内提供等。

B-2 委托人提供的房屋

名称	数量	面积	提供时间
1. 办公用房			
2. 生活用房			
3. 试验用房			
4. 样品用房			
……			
用餐及其他生活条件			

B-3 委托人提供的资料

名称	份数	提供时间	备注
1. 工程立项文件			
2. 工程勘察文件			
3. 工程设计及施工图纸			
4. 工程承包合同及其他相关合同			
5. 施工许可文件			
6. 其他文件			
……			

《建设工程监理合同（示范文本）》（GF—2012—0202）第四部分　附录	《建设工程委托监理合同（示范文本）》（GF—2000—0202）	对照解读
B-4　委托人提供的设备 	名称	数量	型号与规格	提供时间	 |---|---|---|---|
1. 通讯设备			
2. 办公设备			
3. 交通工具			
4. 检测和试验设备			
……						委托人提供的资料备注，可根据不同的资料名称予以说明。 **B-4　委托人提供的设备** 委托人提供的设备中，（1）通讯设备主要包括：固定电话、传真、网络接口、路由器等；（2）办公设备主要包括：办公桌、电脑、打印机、复印机等；（3）交通工具主要包括：汽车等。 委托人提供的设备数量、型号与规格，根据监理工程实际情况分别确定，应能满足监理正常工作需要。例如可填写提供固定电话3台；办公桌5张；电脑5台；打印机、复印机各1台等。 委托人提供的设备时间可根据监理期限未分别确定。

备 注

备 注

第五部分

《建设工程监理合同（示范文本）》（GF—2012—0202）

与

《建设工程委托监理合同（示范文本）》（GF—2000—0202）

对照解读相关法律、法规、规章及司法解释

中华人民共和国建筑法

(1997 年 11 月 1 日第八届全国人民代表大会常务委员会第二十八次会议通过，根据 2011 年 4 月 22 日第十一届全国人民代表大会常务委员会第二十次会议《关于修改〈中华人民共和国建筑法〉的决定》修正，2011 年 4 月 22 日中华人民共和国主席令第 46 号公布，自 2011 年 7 月 1 日起施行)

第一章 总 则

第一条 为了加强对建筑活动的监督管理，维护建筑市场秩序，保证建筑工程的质量和安全，促进建筑业健康发展，制定本法。

第二条 在中华人民共和国境内从事建筑活动，实施对建筑活动的监督管理，应当遵守本法。

本法所称建筑活动，是指各类房屋建筑及其附属设施的建造和与其配套的线路、管道、设备的安装活动。

第三条 建筑活动应当确保建筑工程质量和安全，符合国家的建筑工程安全标准。

第四条 国家扶持建筑业的发展，支持建筑科学技术研究，提高房屋建筑设计水平，鼓励节约能源和保护环境，提倡采用先进技术、先进设备、先进工艺、新型建筑材料和现代管理方式。

第五条 从事建筑活动应当遵守法律、法规，不得损害社会公共利益和他人的合法权益。

任何单位和个人都不得妨碍和阻挠依法进行的建筑活动。

第六条 国务院建设行政主管部门对全国的建筑活动实施统一监督管理。

第二章 建筑许可

第一节 建筑工程施工许可

第七条 建筑工程开工前，建设单位应当按照国家有关规定向工程所在地县级以上人民政府建设行政主管部门申请领取施工许可证；但是，国务院建设行政主管部门确定的限额以下的小型工程除外。

按照国务院规定的权限和程序批准开工报告的建筑工程，不再领取施工许可证。

第八条 申请领取施工许可证，应当具备下列条件：

（一）已经办理该建筑工程用地批准手续；

（二）在城市规划区的建筑工程，已经取得规划许可证；

（三）需要拆迁的，其拆迁进度符合施工要求；

（四）已经确定建筑施工企业；

（五）有满足施工需要的施工图纸及技术资料；

（六）有保证工程质量和安全的具体措施；

（七）建设资金已经落实；

（八）法律、行政法规规定的其他条件。

建设行政主管部门应当自收到申请之日起十五日内，对符合条件的申请颁发施工许可证。

第九条 建设单位应当自领取施工许可证之日起三个月内开工。因故不能按期开工的，应当向发证机关申请延期；延期以两次为限，每次不超过三个月。既不开工又不申请延期或者超过延期时限的，施工许可证自行废止。

第十条 在建的建筑工程因故中止施工的，建设单位应当自中止施工之日起一个月内，向发证机关报告，并按照规定做好建筑工程的维护管理工作。

建筑工程恢复施工时，应当向发证机关报告；中止施工满一年的工程恢复施工前，建设单位应当报发证机关核验施工许可证。

第十一条 按照国务院有关规定批准开工报告的建筑工程，因故不能按期开工或者中止施工的，应当及时向批准机关报告情况。因故不能按期开工超过六个月的，应当重新办理开工报告的批准手续。

第二节　从业资格

第十二条　从事建筑活动的建筑施工企业、勘察单位、设计单位和工程监理单位，应当具备下列条件：

（一）有符合国家规定的注册资本；

（二）有与其从事的建筑活动相适应的具有法定执业资格的专业技术人员；

（三）有从事相关建筑活动所应有的技术装备；

（四）法律、行政法规规定的其他条件。

第十三条　从事建筑活动的建筑施工企业、勘察单位、设计单位和工程监理单位，按照其拥有的注册资本、专业技术人员、技术装备和已完成的建筑工程业绩等资质条件，划分为不同的资质等级，经资质审查合格，取得相应等级的资质证书后，方可在其资质等级许可的范围内从事建筑活动。

第十四条　从事建筑活动的专业技术人员，应当依法取得相应的执业资格证书，并在执业资格证书许可的范围内从事建筑活动。

第三章　建筑工程发包与承包

第一节　一般规定

第十五条　建筑工程的发包单位与承包单位应当依法订立书面合同，明确双方的权利和义务。

发包单位和承包单位应当全面履行合同约定的义务。不按照合同约定履行义务的，依法承担违约责任。

第十六条　建筑工程发包与承包的招标投标活动，应当遵循公开、公正、平等竞争的原则，择优选择承包单位。

建筑工程的招标投标，本法没有规定的，适用有关招标投标法律的规定。

第十七条　发包单位及其工作人员在建筑工程发包中不得收受贿赂、回扣或者索取其他好处。

承包单位及其工作人员不得利用向发包单位及其工作人员行贿、提供回扣或者给予其他好处等不正当手段承揽工程。

第十八条　建筑工程造价应当按照国家有关规定，由发包单位与承包单位在合同中约定。公开招标发包的，其造价的约定，须遵守招标投标法律的规定。

发包单位应当按照合同的约定，及时拨付工程款项。

第二节　发包

第十九条　建筑工程依法实行招标发包，对不适于招标发包的可以直接发包。

第二十条　建筑工程实行公开招标的，发包单位应当依照法定程序和方式，发布招标公告，提供载有招标工程的主要技术要求、主要的合同条款、评标的标准和方法以及开标、评标、定标的程序等内容的招标文件。

开标应当在招标文件规定的时间、地点公开进行。开标后应当按照招标文件规定的评标标准和程序对标书进行评价、比较，在具备相应资质条件的投标者中，择优选定中标者。

第二十一条　建筑工程招标的开标、评标、定标由建设单位依法组织实施，并接受有关行政主管部门的监督。

第二十二条　建筑工程实行招标发包的，发包单位应当将建筑工程发包给依法中标的承包单位。建筑工程实行直接发包的，发包单位应当将建筑工程发包给具有相应资质条件的承包单位。

第二十三条　政府及其所属部门不得滥用行政权力，限定发包单位将招标发包的建筑工程发包给指定的承包单位。

第二十四条　提倡对建筑工程实行总承包，禁止将建筑工程肢解发包。

建筑工程的发包单位可以将建筑工程的勘察、设计、施工、设备采购一并发包给一个工程总承包单位，也可以将建筑工程勘察、设计、施工、设备采购的一项或者多项发包给一个工程总承包单位；但是，不得将应当由一个承包单位完成的建筑工程肢解成若干部分发包给几个承包单位。

第二十五条　按照合同约定，建筑材料、建筑构配件和设备由工程承包单位采购的，发包单位不得指定承包单位购入用于工程的建筑材料、建筑构配件和设备或者指定生产厂、供应商。

第三节　承包

第二十六条　承包建筑工程的单位应当持有依法取得的资质证书，并在其资质等级许可的业务范围内承揽工程。

禁止建筑施工企业超越本企业资质等级许可的业务范围或者以任何形式用其他建筑施工企业的名义承揽工程。禁止建筑施工企业以任何形式允许其他单位或者个人使用本企业的资质证书、营业执照，以本企业的名义承揽工程。

第二十七条　大型建筑工程或者结构复杂的建筑工程，可以由两个以上的承包单位联合共同承包。共同承包的各方对承包合同的履行承担连带责任。

两个以上不同资质等级的单位实行联合共同承包的，应当按照资质等级低的单位的业务许可范围承揽工程。

第二十八条 禁止承包单位将其承包的全部建筑工程转包给他人，禁止承包单位将其承包的全部建筑工程肢解以后以分包的名义分别转包给他人。

第二十九条 建筑工程总承包单位可以将承包工程中的部分工程发包给具有相应资质条件的分包单位；但是，除总承包合同中约定的分包外，必须经建设单位认可。施工总承包的，建筑工程主体结构的施工必须由总承包单位自行完成。

建筑工程总承包单位按照总承包合同的约定对建设单位负责；分包单位按照分包合同的约定对总承包单位负责。总承包单位和分包单位就分包工程对建设单位承担连带责任。

禁止总承包单位将工程分包给不具备相应资质条件的单位。禁止分包单位将其承包的工程再分包。

第四章　建筑工程监理

第三十条 国家推行建筑工程监理制度。

国务院可以规定实行强制监理的建筑工程的范围。

第三十一条 实行监理的建筑工程，由建设单位委托具有相应资质条件的工程监理单位监理。建设单位与其委托的工程监理单位应当订立书面委托监理合同。

第三十二条 建筑工程监理应当依照法律、行政法规及有关的技术标准、设计文件和建筑工程承包合同，对承包单位在施工质量、建设工期和建设资金使用等方面，代表建设单位实施监督。

工程监理人员认为工程施工不符合工程设计要求、施工技术标准和合同约定的，有权要求建筑施工企业改正。

工程监理人员发现工程设计不符合建筑工程质量标准或者合同约定的质量要求的，应当报告建设单位要求设计单位改正。

第三十三条 实施建筑工程监理前，建设单位应当将委托的工程监理单位、监理的内容及监理权限，书面通知被监理的建筑施工企业。

第三十四条 工程监理单位应当在其资质等级许可的监理范围内，承担工程监理业务。

工程监理单位应当根据建设单位的委托，客观、公正地执行监理任务。

工程监理单位与被监理工程的承包单位以及建筑材料、建筑构配件和设备供应单位不得有隶属关系或者其他利害关系。

工程监理单位不得转让工程监理业务。

第三十五条 工程监理单位不按照委托监理合同的约定履行监理义务，对应当监督检查的项目不检查或者不按照规定检查，给建设单位造成损失的，应当承担相应的赔偿责任。

工程监理单位与承包单位串通，为承包单位谋取非法利益，给建设单位造成损失的，应当与承包单位承担连带赔偿责任。

第五章　建筑安全生产管理

第三十六条 建筑工程安全生产管理必须坚持安全第一、预防为主的方针，建立健全安全生产的责任制度和群防群治制度。

第三十七条 建筑工程设计应当符合按照国家规定制定的建筑安全规程和技术规范，保证工程的安全性能。

第三十八条 建筑施工企业在编制施工组织设计时，应当根据建筑工程的特点制定相应的安全技术措施；对专业性较强的工程项目，应当编制专项安全施工组织设计，并采取安全技术措施。

第三十九条 建筑施工企业应当在施工现场采取维护安全、防范危险、预防火灾等措施；有条件的，应当对施工现场实行封闭管理。

施工现场对毗邻的建筑物、构筑物和特殊作业环境可能造成损害的，建筑施工企业应当采取安全防护措施。

第四十条 建设单位应当向建筑施工企业提供与施工现场相关的地下管线资料，建筑施工企业应当采取措施加以保护。

第四十一条 建筑施工企业应当遵守有关环境保护和安全生产的法律、法规的规定，采取控制和处理施工现场的各种粉尘、废气、废水、固体废物以及噪声、振动对环境的污染和危害的措施。

第四十二条 有下列情形之一的，建设单位应当按照国家有关规定办理申请批准手续：

（一）需要临时占用规划批准范围以外场地的；

（二）可能损坏道路、管线、电力、邮电通讯等公共设施的；

（三）需要临时停水、停电、中断道路交通的；

（四）需要进行爆破作业的；

（五）法律、法规规定需要办理报批手续的其他情形。

第四十三条 建设行政主管部门负责建筑安全生产的管理，并依法接受劳动行政主管部门对建筑安全生产的指导和监督。

第四十四条 建筑施工企业必须依法加强对建筑安全生产的管理，执行安全生产责任制度，采取有效措施，防止伤亡和其他安全生产事故的发生。

建筑施工企业的法定代表人对本企业的安全生产负责。

第四十五条 施工现场安全由建筑施工企业负责。实行施工总承包的，由总承包单位负责。分包单位向总承包单位负责，服从总承包单位对施工现场的安全生产管理。

第四十六条 建筑施工企业应当建立健全劳动安全生产教育培训制度，加强对职工安全生产的教育培训；未经安全生产教育培训的人员，不得上岗作业。

第四十七条 建筑施工企业和作业人员在施工过程中，应当遵守有关安全生产的法律、法规和建筑行业安全规章、规程，不得违章指挥或者违章作业。作业人员有权对影响人身健康的作业程序和作业条件提出改进意见，有权获得安全生产所需的防护用品。作业人员对危及生命安全和人身健康的行为有权提出批评、检举和控告。

第四十八条 建筑施工企业应当依法为职工参加工伤保险缴纳工伤保险费。鼓励企业为从事危险作业的职工办理意外伤害保险，支付保险费。

第四十九条 涉及建筑主体和承重结构变动的装修工程，建设单位应当在施工前委托原设计单位或者具有相应资质条件的设计单位提出设计方案；没有设计方案的，不得施工。

第五十条 房屋拆除应当由具备保证安全条件的建筑施工单位承担，由建筑施工单位负责人对安全负责。

第五十一条 施工中发生事故时，建筑施工企业应当采取紧急措施减少人员伤亡和事故损失，并按照国家有关规定及时向有关部门报告。

第六章 建筑工程质量管理

第五十二条 建筑工程勘察、设计、施工的质量必须符合国家有关建筑工程安全标准的要求，具体管理办法由国务院规定。

有关建筑工程安全的国家标准不能适应确保建筑安全的要求时，应当及时修订。

第五十三条 国家对从事建筑活动的单位推行质量体系认证制度。从事建筑活动的单位根据自愿原则可以向国务院产品质量监督管理部门或者国务院产品质量监督管理部门授权的部门认可的认证机构申请质量体系认证。经认证合格的，由认证机构颁发质量体系认证证书。

第五十四条 建设单位不得以任何理由，要求建筑设计单位或者建筑施工企业在工程设计或者施工作业中，违反法律、行政法规和建筑工程质量、安全标准，降低工程质量。

建筑设计单位和建筑施工企业对建设单位违反前款规定提出的降低工程质量的要求，应当予以拒绝。

第五十五条 建筑工程实行总承包的，工程质量由工程总承包单位负责，总承包单位将建筑工程分包给其他单位的，应当对分包工程的质量与分包单位承担连带责任。分包单位应当接受总承包单位的质量管理。

第五十六条 建筑工程的勘察、设计单位必须对其勘察、设计的质量负责。勘察、设计文件应当符合有关法律、行政法规的规定和建筑工程质量、安全标准、建筑工程勘察、设计技术规范以及合同的约定。设计文件选用的建筑材料、建筑构配件和设备，应当注明其规格、型号、性能等技术指标，其质量要求必须符合国家规定的标准。

第五十七条 建筑设计单位对设计文件选用的建筑材料、建筑构配件和设备，不得指定生产厂、供应商。

第五十八条 建筑施工企业对工程的施工质量负责。

建筑施工企业必须按照工程设计图纸和施工技术标准施工，不得偷工减料。工程设计的修改由原设计单位负责，建筑施工企业不得擅自修改工程设计。

第五十九条 建筑施工企业必须按照工程设计要求、施工技术标准和合同的约定，对建筑材料、建筑构配件和设备进行检验，不合格的不得使用。

第六十条 建筑物在合理使用寿命内，必须确保地基基础工程和主体结构的质量。

建筑工程竣工时，屋顶、墙面不得留有渗漏、开裂等质量缺陷；对已发现的质量缺陷，建筑施工企业应当修复。

第六十一条 交付竣工验收的建筑工程，必须符合规定的建筑工程质量标准，有完整的工程技术经济资料和经签署的工程保修书，并具备国家规定的其他竣工条件。

建筑工程竣工经验收合格后，方可交付使用；未经验收或者验收不合格的，不得交付使用。

第六十二条 建筑工程实行质量保修制度。

建筑工程的保修范围应当包括地基基础工程、主体结构工程、屋面防水工程和其他土建工程，以及电气管线、上下水管线的安装工程，供热、供冷系统工程等项目；保修的期限应当按照保证建筑物合理寿命年限内正常使用，维护使用者合法权益的原则确定。具体的保修范围和最低保修期限由国务院规定。

第六十三条 任何单位和个人对建筑工程的质量事故、质量缺陷都有权向建设行政主管部门或者其他有关部门进行检举、控告、投诉。

第七章 法律责任

第六十四条 违反本法规定，未取得施工许可证或者开工报告未经批准擅自施工的，责令改止，对不符合开工条件的责令停止施工，可以处以罚款。

第六十五条 发包单位将工程发包给不具有相应资质条件的承包单位的，或者违反本法规定将建筑工程肢解发包的，责令改正，处以罚款。

超越本单位资质等级承揽工程的，责令停止违法行为，处以罚款，可以责令停业整顿，降低资质等级；情节严重的，吊销资质证书；有违法所得的，予以没收。

未取得资质证书承揽工程的，予以取缔，并处罚款；有违法所得的，予以没收。

以欺骗手段取得资质证书的，吊销资质证书，处以罚款；构成犯罪的，依法追究刑事责任。

第六十六条 建筑施工企业转让、出借资质证书或者以其他方式允许他人以本企业的名义承揽工程的，责令改正，没收违法所得，并处罚款，可以责令停业整顿，降低资质等级；情节严重的，吊销资质证书。对因该项承揽工程不符合规定的质量标准造成的损失，建筑施工企业与使用本企业名义的单位或者个人承担连带赔偿责任。

第六十七条 承包单位将承包的工程转包的，或者违反本法规定进行分包的，责令改正，没收违法所得，并处罚款，可以责令停业整顿，降低资质等级；情节严重的，吊销资质证书。

承包单位有前款规定的违法行为的，对因转包工程或者违法分包的工程不符合规定的质量标准造成的损失，与接受转包或者分包的单位承担连带赔偿责任。

第六十八条 在工程发包与承包中索贿、受贿、行贿，构成犯罪的，依法追究刑事责任；不构成犯罪的，分别处以罚款，没收贿赂的财物，对直接负责的主管人员和其他直接责任人员给予处分。

对在工程承包中行贿的承包单位，除依照前款规定处罚外，可以责令停业整顿，降低资质等级或者吊销资质证书。

第六十九条 工程监理单位与建设单位或者建筑施工企业串通，弄虚作假、降低工程质量的，责令改正，处以罚款，降低资质等级或者吊销资质证书；有违法所得的，予以没收；造成损失的，承担连带赔偿责任；构成犯罪的，依法追究刑事责任。

工程监理单位转让监理业务的，责令改正，没收违法所得，可以责令停业整顿，降低资质等级；情节严重的，吊销资质证书。

第七十条 违反本法规定，涉及建筑主体或者承重结构变动的装修工程擅自施工的，责令改正，处以罚款；造成损失的，承担赔偿责任；构成犯罪的，依法追究刑事责任。

第七十一条 建筑施工企业违反本法规定，对建筑安全事故隐患不采取措施予以消除的，责令改正，可以处以罚款；情节严重的，责令停业整顿，降低资质等级或者吊销资质证书；构成犯罪的，依法追究刑事责任。

建筑施工企业的管理人员违章指挥、强令职工冒险作业，因而发生重大伤亡事故或者造成其他严重后果的，依法追究刑事责任。

第七十二条 建设单位违反本法规定，要求建筑设计单位或者建筑施工企业违反建筑工程质量、安全标准，降低工程质量的，责令改正，可以处以罚款；构成犯罪的，依法追究刑事责任。

第七十三条 建筑设计单位不按照建筑工程质量、安全标准进行设计的，责令改正，处以罚款；造成工程质量事故的，责令停业整顿，降低资质等级或者吊销资质证书，没收违法所得，并处罚款；造成损失的，承担赔偿责任；构成犯罪的，依法追究刑事责任。

第七十四条 建筑施工企业在施工中偷工减料的，使用不合格的建筑材料、建筑构配件和设备的，或者有其他不按照工程设计图纸或者施工技术标准施工的行为的，责令改正，处以罚款；情节严重的，责令停业整顿，降低资质等级或者吊销资质证书；造成建筑工程质量不符合规定的质量标准的，负责返工、修理，并赔偿因此造成的损失；构成犯罪的，依法追究刑事责任。

第七十五条 建筑施工企业违反本法规定，不履行保修义务或者拖延履行保修义务的，责令改正，可以处以罚款，并对在保修期内因屋顶、墙面渗漏、开裂等质量缺陷造成的损失，承担赔偿责任。

第七十六条　本法规定的责令停业整顿、降低资质等级和吊销资质证书的行政处罚，由颁发资质证书的机关决定；其他行政处罚，由建设行政主管部门或者有关部门依照法律和国务院规定的职权范围决定。

依照本法规定被吊销资质证书的，由工商行政管理部门吊销其营业执照。

第七十七条　违反本法规定，对不具备相应资质等级条件的单位颁发该等级资质证书的，由其上级机关责令收回所发的资质证书，对直接负责的主管人员和其他直接责任人员给予行政处分；构成犯罪的，依法追究刑事责任。

第七十八条　政府及其所属部门的工作人员违反本法规定，限定发包单位将招标发包的工程发包给指定的承包单位的，由上级机关责令改正；构成犯罪的，依法追究刑事责任。

第七十九条　负责颁发建筑工程施工许可证的部门及其工作人员对不符合施工条件的建筑工程颁发施工许可证的，负责工程质量监督检查或者竣工验收的部门及其工作人员对不合格的建筑工程出具质量合格文件或者按合格工程验收的，由上级机关责令改正，对责任人员给予行政处分；构成犯罪的，依法追究刑事责任；造成损失的，由该部门承担相应的赔偿责任。

第八十条　在建筑物的合理使用寿命内，因建筑工程质量不合格受到损害的，有权向责任者要求赔偿。

第八章　附　则

第八十一条　本法关于施工许可、建筑施工企业资质审查和建筑工程发包、承包、禁止转包，以及建筑工程监理、建筑工程安全和质量管理的规定，适用于其他专业建筑工程的建筑活动，具体办法由国务院规定。

第八十二条　建设行政主管部门和其他有关部门在对建筑活动实施监督管理中，除按照国务院有关规定收取费用外，不得收取其他费用。

第八十三条　省、自治区、直辖市人民政府确定的小型房屋建筑工程的建筑活动，参照本法执行。

依法核定作为文物保护的纪念建筑物和古建筑等的修缮，依照文物保护的有关法律规定执行。

抢险救灾及其他临时性房屋建筑和农民自建低层住宅的建筑活动，不适用本法。

第八十四条　军用房屋建筑工程建筑活动的具体管理办法，由国务院、中央军事委员会依据本法制定。

第八十五条　本法自 1998 年 3 月 1 日起施行。

中华人民共和国合同法（节选）

（1999 年 3 月 15 日第九届全国人民代表大会第二次会议通过，1999 年 3 月 15 日中华人民共和国主席令第 15 号公布，自 1999 年 10 月 1 日起施行）

总　则

第一章　一般规定

第一条　为了保护合同当事人的合法权益，维护社会经济秩序，促进社会主义现代化建设，制定本法。

第二条　本法所称合同是平等主体的自然人、法人、其他组织之间设立、变更、终止民事权利义务关系的协议。婚姻、收养、监护等有关身份关系的协议，适用其他法律的规定。

第三条　合同当事人的法律地位平等，一方不得将自己的意志强加给另一方。

第四条　当事人依法享有自愿订立合同的权利，任何单位和个人不得非法干预。

第五条　当事人应当遵循公平原则确定各方的权利和义务。

第六条　当事人行使权利、履行义务应当遵循诚实信用原则。

第七条　当事人订立、履行合同，应当遵守法律、行政法规，尊重社会公德，不得扰乱社会经济秩序，损害社会公共利益。

第八条　依法成立的合同，对当事人具有法律约束力。当事人应当按照约定履行自己的义务，不得擅自变更或者解除合同。依法成立的合同，受法律保护。

第二章　合同的订立

第九条　当事人订立合同，应当具有相应的民事权利能力和民事行为能力。当事人依法可以委托代理人订立合同。

第十条　当事人订立合同，有书面形式、口头形式和其他形式。法律、行政法规规定采用书面形式的，应当采用书面形式。当事人约定采用书面形式的，应当采用书面形式。

第十一条　书面形式是指合同书、信件和数据电文（包括电报、电传、传真、电子数据交换和电子邮件）等可以有形地表现所载内容的形式。

第十二条　合同的内容由当事人约定，一般包括以下条款：

（一）当事人的名称或者姓名和住所；

（二）标的；

（三）数量；

（四）质量；

（五）价款或者报酬；

（六）履行期限、地点和方式；

（七）违约责任；

（八）解决争议的方法。

当事人可以参照各类合同的示范文本订立合同。

第十三条　当事人订立合同，采取要约、承诺方式。

第十四条　要约是希望和他人订立合同的意思表示，该意思表示应当符合下列规定：

（一）内容具体确定；

（二）表明经受要约人承诺，要约人即受该意思表示约束。

第十五条　要约邀请是希望他人向自己发出要约的意思表示。寄送的价目表、拍卖公告、招标公告、招股说明书、商业广告等为要约邀请。商业广告的内容符合要约规定的，视为要约。

第十六条 要约到达受要约人时生效。采用数据电文形式订立合同，收件人指定特定系统接收数据电文的，该数据电文进入该特定系统的时间，视为到达时间；未指定特定系统的，该数据电文进入收件人的任何系统的首次时间，视为到达时间。

第十七条 要约可以撤回。撤回要约的通知应当在要约到达受要约人之前或者与要约同时到达受要约人。

第十八条 要约可以撤销。撤销要约的通知应当在受要约人发出承诺通知之前到达受要约人。

第十九条 有下列情形之一的，要约不得撤销：

（一）要约人确定了承诺期限或者以其他形式明示要约不可撤销；

（二）受要约人有理由认为要约是不可撤销的，并已经为履行合同作了准备工作。

第二十条 有下列情形之一的，要约失效：

（一）拒绝要约的通知到达要约人；

（二）要约人依法撤销要约；

（三）承诺期限届满，受要约人未作出承诺；

（四）受要约人对要约的内容作出实质性变更。

第二十一条 承诺是受要约人同意要约的意思表示。

第二十二条 承诺应当以通知的方式作出，但根据交易习惯或者要约表明可以通过行为作出承诺的除外。

第二十三条 承诺应当在要约确定的期限内到达要约人。要约没有确定承诺期限的，承诺应当依照下列规定到达：

（一）要约以对话方式作出的，应当即时作出承诺，但当事人另有约定的除外；

（二）要约以非对话方式作出的，承诺应当在合理期限内到达。

第二十四条 要约以信件或者电报作出的，承诺期限自信件载明的日期或者电报交发之日开始计算。信件未载明日期的，自投寄该信件的邮戳日期开始计算。要约以电话、传真等快速通讯方式作出的，承诺期限自要约到达受要约人时开始计算。

第二十五条 承诺生效时合同成立。

第二十六条 承诺通知到达要约人时生效。承诺不需要通知的，根据交易习惯或者要约的要求作出承诺的行为时生效。采用数据电文形式订立合同的，承诺到达的时间适用本法第十六条第二款的规定。

第二十七条 承诺可以撤回。撤回承诺的通知应当在承诺通知到达要约人之前或者与承诺通知同时到达要约人。

第二十八条 受要约人超过承诺期限发出承诺的，除要约人及时通知受要约人该承诺有效的以外，为新要约。

第二十九条 受要约人在承诺期限内发出承诺，按照通常情形能够及时到达要约人，但因其他原因承诺到达要约人时超过承诺期限的，除要约人及时通知受要约人因承诺超过期限不接受该承诺的以外，该承诺有效。

第三十条 承诺的内容应当与要约的内容一致。受要约人对要约的内容作出实质性变更的，为新要约。有关合同标的、数量、质量、价款或者报酬、履行期限、履行地点和方式、违约责任和解决争议方法等的变更，是对要约内容的实质性变更。

第三十一条 承诺对要约的内容作出非实质性变更的，除要约人及时表示反对或者要约表明承诺不得对要约的内容作出任何变更的以外，该承诺有效，合同的内容以承诺的内容为准。

第三十二条 当事人采用合同书形式订立合同的，自双方当事人签字或者盖章时合同成立。

第三十三条 当事人采用信件、数据电文等形式订立合同的，可以在合同成立之前要求签订确认书。签订确认书时合同成立。

第三十四条 承诺生效的地点为合同成立的地点。采用数据电文形式订立合同的，收件人的主营业地为合同成立的地点；没有主营业地的，其经常居住地为合同成立的地点。当事人另有约定的，按照其约定。

第三十五条 当事人采用合同书形式订立合同的，双方当事人签字或者盖章的地点为合同成立的地点。

第三十六条 法律、行政法规规定或者当事人约定采用书面形式订立合同，当事人未采用书面形式但一方已经履行主要义务，对方接受的，该合同成立。

第三十七条 采用合同书形式订立合同，在签字或者盖章之前，当事人一方已经履行主要义务，对方接受的，该合同成立。

第三十八条 国家根据需要下达指令性任务或者国家订货任务的，有关法人、其他组织之间应当依照有关法律、行政法规规定的权利和义务订立合同。

第三十九条 采用格式条款订立合同的，提供格式条款的一方应当遵循公平原则确定当事人之间的权利和义务，并采取合理的方式提请对方注意免除或者限制其责任的条款，按照对方的要求，对该条款予以说明。格式条款是当事人为了重复使用而预先拟定，并在订立合同时未与对方协商的条款。

　　第四十条　格式条款具有本法第五十二条和第五十三条规定情形的，或者提供格式条款一方免除其责任、加重对方责任、排除对方主要权利，该条款无效。

　　第四十一条　对格式条款的理解发生争议的，应当按照通常理解予以解释。对格式条款有两种以上解释的，应当作出不利于提供格式条款一方的解释。格式条款和非格式条款不一致的，应当采用非格式条款。

　　第四十二条　当事人在订立合同过程中有下列情形之一，给对方造成损失的，应当承担损害赔偿责任：

　　（一）假借订立合同，恶意进行磋商；

　　（二）故意隐瞒与订立合同有关的重要事实或者提供虚假情况；

　　（三）有其他违背诚实信用原则的行为。

　　第四十三条　当事人在订立合同过程中知悉的商业秘密，无论合同是否成立，不得泄露或者不正当地使用。泄露或者不正当地使用该商业秘密给对方造成损失的，应当承担损害赔偿责任。

第三章　合同的效力

　　第四十四条　依法成立的合同，自成立时生效。法律、行政法规规定应当办理批准、登记等手续生效的，依照其规定。

　　第四十五条　当事人对合同的效力可以约定附条件。附生效条件的合同，自条件成就时生效。附解除条件的合同，自条件成就时失效。当事人为自己的利益不正当地阻止条件成就的，视为条件已成就；不正当地促成条件成就的，视为条件不成就。

　　第四十六条　当事人对合同的效力可以约定附期限。附生效期限的合同，自期限届至时生效。附终止期限的合同，自期限届满时失效。

　　第四十七条　限制民事行为能力人订立的合同，经法定代理人追认后，该合同有效，但纯获利益的合同或者与其年龄、智力、精神健康状况相适应而订立的合同，不必经法定代理人追认。相对人可以催告法定代理人在一个月内予以追认。法定代理人未作表示的，视为拒绝追认。合同被追认之前，善意相对人有撤销的权利。撤销应当以通知的方式作出。

　　第四十八条　行为人没有代理权、超越代理权或者代理权终止后以被代理人名义订立的合同，未经被代理人追认，对被代理人不发生效力，由行为人承担责任。相对人可以催告被代理人在一个月内予以追认。被代理人未作表示的，视为拒绝追认。合同被追认之前，善意相对人有撤销的权利。撤销应当以通知的方式作出。

　　第四十九条　行为人没有代理权、超越代理权或者代理权终止后以被代理人名义订立合同，相对人有理由相信行为人有代理权的，该代理行为有效。

　　第五十条　法人或者其他组织的法定代表人、负责人超越权限订立的合同，除相对人知道或者应当知道其超越权限的以外，该代表行为有效。

　　第五十一条　无处分权的人处分他人财产，经权利人追认或者无处分权的人订立合同后取得处分权的，该合同有效。

　　第五十二条　有下列情形之一的，合同无效：

　　（一）一方以欺诈、胁迫的手段订立合同，损害国家利益；

　　（二）恶意串通，损害国家、集体或者第三人利益；

　　（三）以合法形式掩盖非法目的；

　　（四）损害社会公共利益；

　　（五）违反法律、行政法规的强制性规定。

　　第五十三条　合同中的下列免责条款无效：

　　（一）造成对方人身伤害的；

　　（二）因故意或者重大过失造成对方财产损失的。

　　第五十四条　下列合同，当事人一方有权请求人民法院或者仲裁机构变更或者撤销：

　　（一）因重大误解订立的；

　　（二）在订立合同时显失公平的。

　　一方以欺诈、胁迫的手段或者乘人之危，使对方在违背真实意思的情况下订立的合同，受损害方有权请求人民法院或者仲裁机构变更或者撤销。当事人请求变更的，人民法院或者仲裁机构不得撤销。

　　第五十五条　有下列情形之一的，撤销权消灭：

　　（一）具有撤销权的当事人自知道或者应当知道撤销事由之日起一年内没有行使撤销权；

　　（二）具有撤销权的当事人知道撤销事由后明确表示或者以自己的行为放弃撤销权。

第五十六条 无效的合同或者被撤销的合同自始没有法律约束力。合同部分无效，不影响其他部分效力的，其他部分仍然有效。

第五十七条 合同无效、被撤销或者终止的，不影响合同中独立存在的有关解决争议方法的条款的效力。

第五十八条 合同无效或者被撤销后，因该合同取得的财产，应当予以返还；不能返还或者没有必要返还的，应当折价补偿。有过错的一方应当赔偿对方因此所受到的损失，双方都有过错的，应当各自承担相应的责任。

第五十九条 当事人恶意串通，损害国家、集体或者第三人利益的，因此取得的财产收归国家所有或者返还集体、第三人。

第四章　合同的履行

第六十条 当事人应当按照约定全面履行自己的义务。当事人应当遵循诚实信用原则，根据合同的性质、目的和交易习惯履行通知、协助、保密等义务。

第六十一条 合同生效后，当事人就质量、价款或者报酬、履行地点等内容没有约定或者约定不明确的，可以协议补充；不能达成补充协议的，按照合同有关条款或者交易习惯确定。

第六十二条 当事人就有关合同内容约定不明确，依照本法第六十一条的规定仍不能确定的，适用下列规定：

（一）质量要求不明确的，按照国家标准、行业标准履行；没有国家标准、行业标准的，按照通常标准或者符合合同目的的特定标准履行。

（二）价款或者报酬不明确的，按照订立合同时履行地的市场价格履行；依法应当执行政府定价或者政府指导价的，按照规定履行。

（三）履行地点不明确，给付货币的，在接受货币一方所在地履行；交付不动产的，在不动产所在地履行；其他标的，在履行义务一方所在地履行。

（四）履行期限不明确的，债务人可以随时履行，债权人也可以随时要求履行，但应当给对方必要的准备时间。

（五）履行方式不明确的，按照有利于实现合同目的的方式履行。

（六）履行费用的负担不明确的，由履行义务一方负担。

第六十三条 执行政府定价或者政府指导价的，在合同约定的交付期限内政府价格调整时，按照交付时的价格计价。逾期交付标的物的，遇价格上涨时，按照原价格执行；价格下降时，按照新价格执行。逾期提取标的物或者逾期付款的，遇价格上涨时，按照新价格执行；价格下降时，按照原价格执行。

第六十四条 当事人约定由债务人向第三人履行债务的，债务人未向第三人履行债务或者履行债务不符合约定，应当向债权人承担违约责任。

第六十五条 当事人约定由第三人向债权人履行债务的，第三人不履行债务或者履行债务不符合约定，债务人应当向债权人承担违约责任。

第六十六条 当事人互负债务，没有先后履行顺序的，应当同时履行。一方在对方履行之前有权拒绝其履行要求。一方在对方履行债务不符合约定时，有权拒绝其相应的履行要求。

第六十七条 当事人互负债务，有先后履行顺序，先履行一方未履行的，后履行一方有权拒绝履行要求。先履行一方履行债务不符合约定的，后履行一方有权拒绝其相应的履行要求。

第六十八条 应当先履行债务的当事人，有确切证据证明对方有下列情形之一的，可以中止履行：

（一）经营状况严重恶化；

（二）转移财产、抽逃资金，以逃避债务；

（三）丧失商业信誉；

（四）有丧失或者可能丧失履行债务能力的其他情形。

当事人没有确切证据中止履行的，应当承担违约责任。

第六十九条 当事人依照本法第六十八条的规定中止履行的，应当及时通知对方。对方提供适当担保时，应当恢复履行。中止履行后，对方在合理期限内未恢复履行能力并且未提供适当担保的，中止履行的一方可以解除合同。

第七十条 债权人分立、合并或者变更住所没有通知债务人，致使履行债务发生困难的，债务人可以中止履行或者将标的物提存。

第七十一条 债权人可以拒绝债务人提前履行债务，但提前履行不损害债权人利益的除外。债务人提前履行债务给债权人增加的费用，由债务人负担。

第七十二条 债权人可以拒绝债务人部分履行债务，但部分履行不损害债权人利益的除外。债务人部分履行债务给债权人增加的费用，由债务人负担。

第七十三条　因债务人怠于行使其到期债权，对债权人造成损害的，债权人可以向人民法院请求以自己的名义代位行使债务人的债权，但该债权专属于债务人自身的除外。代位权的行使范围以债权人的债权为限。债权人行使代位权的必要费用，由债务人负担。

第七十四条　因债务人放弃其到期债权或者无偿转让财产，对债权人造成损害的，债权人可以请求人民法院撤销债务人的行为。债务人以明显不合理的低价转让财产，对债权人造成损害，并且受让人知道该情形的，债权人也可以请求人民法院撤销债务人的行为。撤销权的行使范围以债权人的债权为限。债权人行使撤销权的必要费用，由债务人负担。

第七十五条　撤销权自债权人知道或者应当知道撤销事由之日起一年内行使。自债务人的行为发生之日起五年内没有行使撤销权的，该撤销权消灭。

第七十六条　合同生效后，当事人不得因姓名、名称的变更或者法定代表人、负责人、承办人的变动而不履行合同义务。

第五章　合同的变更和转让

第七十七条　当事人协商一致，可以变更合同。法律、行政法规规定变更合同应当办理批准、登记等手续的，依照其规定。

第七十八条　当事人对合同变更的内容约定不明确的，推定为未变更。

第七十九条　债权人可以将合同的权利全部或者部分转让给第三人，但有下列情形之一的除外：

（一）根据合同性质不得转让；

（二）按照当事人约定不得转让；

（三）依照法律规定不得转让。

第八十条　债权人转让权利的，应当通知债务人。未经通知，该转让对债务人不发生效力。债权人转让权利的通知不得撤销，但经受让人同意的除外。

第八十一条　债权人转让权利的，受让人取得与债权有关的从权利，但该从权利专属于债权人自身的除外。

第八十二条　债务人接到债权转让通知后，债务人对让与人的抗辩，可以向受让人主张。

第八十三条　债务人接到债权转让通知时，债务人对让与人享有债权，并且债务人的债权先于转让的债权到期或者同时到期的，债务人可以向受让人主张抵销。

第八十四条　债务人将合同的义务全部或者部分转移给第三人的，应当经债权人同意。

第八十五条　债务人转移义务的，新债务人可以主张原债务人对债权人的抗辩。

第八十六条　债务人转移义务的，新债务人应当承担与主债务有关的从债务，但该从债务专属于原债务人自身的除外。

第八十七条　法律、行政法规规定转让权利或者转移义务应当办理批准、登记等手续的，依照其规定。

第八十八条　当事人一方经对方同意，可以将自己在合同中的权利和义务一并转让给第三人。

第八十九条　权利和义务一并转让的，适用本法第七十九条、第八十一条至第八十三条、第八十五条至第八十七条的规定。

第九十条　当事人订立合同后合并的，由合并后的法人或者其他组织行使合同权利，履行合同义务。当事人订立合同后分立的，除债权人和债务人另有约定的以外，由分立的法人或者其他组织对合同的权利和义务享有连带债权，承担连带债务。

第六章　合同的权利义务终止

第九十一条　有下列情形之一的，合同的权利义务终止：

（一）债务已经按照约定履行；

（二）合同解除；

（三）债务相互抵销；

（四）债务人依法将标的物提存；

（五）债权人免除债务；

（六）债权债务同归于一人；

（七）法律规定或者当事人约定终止的其他情形。

第九十二条　合同的权利义务终止后，当事人应当遵循诚实信用原则，根据交易习惯履行通知、协助、保密等义务。

第九十三条 当事人协商一致，可以解除合同。当事人可以约定一方解除合同的条件。解除合同的条件成就时，解除权人可以解除合同。

第九十四条 有下列情形之一的，当事人可以解除合同：

（一）因不可抗力致使不能实现合同目的；

（二）在履行期限届满之前，当事人一方明确表示或者以自己的行为表明不履行主要债务；

（三）当事人一方迟延履行主要债务，经催告后在合理期限内仍未履行；

（四）当事人一方迟延履行债务或者有其他违约行为致使不能实现合同目的；

（五）法律规定的其他情形。

第九十五条 法律规定或者当事人约定解除权行使期限，期限届满当事人不行使的，该权利消灭。法律没有规定或者当事人没有约定解除权行使期限，经对方催告后在合理期限内不行使的，该权利消灭。

第九十六条 当事人一方依照本法第九十三条第二款、第九十四条的规定主张解除合同的，应当通知对方。合同自通知到达对方时解除。对方有异议的，可以请求人民法院或者仲裁机构确认解除合同的效力。法律、行政法规规定解除合同应当办理批准、登记等手续的，依照其规定。

第九十七条 合同解除后，尚未履行的，终止履行；已经履行的，根据履行情况和合同性质，当事人可以要求恢复原状、采取其他补救措施，并有权要求赔偿损失。

第九十八条 合同的权利义务终止，不影响合同中结算和清理条款的效力。

第九十九条 当事人互负到期债务，该债务的标的物种类、品质相同的，任何一方可以将自己的债务与对方的债务抵销，但依照法律规定或者按照合同性质不得抵销的除外。当事人主张抵销的，应当通知对方。通知自到达对方时生效。抵销不得附条件或者附期限。

第一百条 当事人互负债务，标的物种类、品质不相同的，经双方协商一致，也可以抵销。

第一百零一条 有下列情形之一，难以履行债务的，债务人可以将标的物提存：

（一）债权人无正当理由拒绝受领；

（二）债权人下落不明；

（三）债权人死亡未确定继承人或者丧失民事行为能力未确定监护人；

（四）法律规定的其他情形。

标的物不适于提存或者提存费用过高的，债务人依法可以拍卖或者变卖标的物，提存所得的价款。

第一百零二条 标的物提存后，除债权人下落不明的以外，债务人应当及时通知债权人或者债权人的继承人、监护人。

第一百零三条 标的物提存后，毁损、灭失的风险由债权人承担。提存期间，标的物的孳息归债权人所有。提存费用由债权人负担。

第一百零四条 债权人可以随时领取提存物，但债权人对债务人负有到期债务的，在债权人未履行债务或者提供担保之前，提存部门根据债务人的要求应当拒绝其领取提存物。债权人领取提存物的权利，自提存之日起五年内不行使而消灭，提存物扣除提存费用后归国家所有。

第一百零五条 债权人免除债务人部分或者全部债务的，合同的权利义务部分或者全部终止。

第一百零六条 债权和债务同归于一人的，合同的权利义务终止，但涉及第三人利益的除外。

第七章 违约责任

第一百零七条 当事人一方不履行合同义务或者履行合同义务不符合约定的，应当承担继续履行、采取补救措施或者赔偿损失等违约责任。

第一百零八条 当事人一方明确表示或者以自己的行为表明不履行合同义务的，对方可以在履行期限届满之前要求其承担违约责任。

第一百零九条 当事人一方未支付价款或者报酬的，对方可以要求其支付价款或者报酬。

第一百一十条 当事人一方不履行非金钱债务或者履行非金钱债务不符合约定的，对方可以要求履行，但有下列情形之一的除外：

（一）法律上或者事实上不能履行；

（二）债务的标的不适于强制履行或者履行费用过高；

（三）债权人在合理期限内未要求履行。

第一百一十一条 质量不符合约定的，应当按照当事人的约定承担违约责任。对违约责任没有约定或者约定不明确，依照本法第六十一条的规定仍不能确定的，受损害方根据标的的性质以及损失的大小，可以合理选择要求对方承担修理、更换、重作、退货、减少价款或者报酬等违约责任。

第一百一十二条 当事人一方不履行合同义务或者履行合同义务不符合约定的，在履行义务或者采取补救措施后，对方还有其他损失的，应当赔偿损失。

第一百一十三条 当事人一方不履行合同义务或者履行合同义务不符合约定，给对方造成损失的，损失额应当相当于因违约所造成的损失，包括合同履行后可以获得的利益，但不得超过违反合同一方订立合同时预见或者应当预见到的因违反合同可能造成的损失。经营者对消费者提供商品或者服务有欺诈行为的，依照《中华人民共和国消费者权益保护法》的规定承担损害赔偿责任。

第一百一十四条 当事人可以约定一方违约时应当根据违约情况向对方支付一定数额的违约金，也可以约定因违约产生的损失赔偿额的计算方法。约定的违约金低于造成的损失的，当事人可以请求人民法院或者仲裁机构予以增加；约定的违约金过分高于造成的损失的，当事人可以请求人民法院或者仲裁机构予以适当减少。当事人就迟延履行约定违约金的，违约方支付违约金后，还应当履行债务。

第一百一十五条 当事人可以依照《中华人民共和国担保法》约定一方向对方给付定金作为债权的担保。债务人履行债务后，定金应当抵作价款或者收回。给付定金的一方不履行约定的债务的，无权要求返还定金；收受定金的一方不履行约定的债务的，应当双倍返还定金。

第一百一十六条 当事人既约定违约金，又约定定金的，一方违约时，对方可以选择适用违约金或者定金条款。

第一百一十七条 因不可抗力不能履行合同的，根据不可抗力的影响，部分或者全部免除责任，但法律另有规定的除外。当事人迟延履行后发生不可抗力的，不能免除责任。本法所称不可抗力，是指不能预见、不能避免并不能克服的客观情况。

第一百一十八条 当事人一方因不可抗力不能履行合同的，应当及时通知对方，以减轻可能给对方造成的损失，并应当在合理期限内提供证据。

第一百一十九条 当事人一方违约后，对方应当采取适当措施防止损失的扩大；没有采取适当措施致使损失扩大的，不得就扩大的损失要求赔偿。当事人因防止损失扩大而支出的合理费用，由违约方承担。

第一百二十条 当事人双方都违反合同的，应当各自承担相应的责任。

第一百二十一条 当事人一方因第三人的原因造成违约的，应当向对方承担违约责任。当事人一方和第三人之间的纠纷，依照法律规定或者按照约定解决。

第一百二十二条 因当事人一方的违约行为，分割对方人身、财产权益的，受损害方有权选择依照本法要求其承担违约责任或者依照其他法律要求其承担侵权责任。

第八章　其他规定

第一百二十三条 其他法律对合同另有规定的，依照其规定。

第一百二十四条 本法分则或者其他法律没有明文规定的合同，适用本法总则的规定，并可以参照本法分则或者其他法律最相类似的规定。

第一百二十五条 当事人对合同条款的理解有争议的，应当按照合同所使用的词句、合同的有关条款、合同的目的、交易习惯以及诚实信用原则，确定条款的真实意思。合同文本采用两种以上文字订立并约定具有同等效力的，对各文本使用的词句推定具有相同含义。各文本使用的词句不一致的，应当根据合同的目的予以解释。

第一百二十六条 涉外合同的当事人可以选择处理合同争议所适用的法律，但法律另有规定的除外。涉外合同的当事人没有选择的，适用与合同有最密切联系的国家的法律。在中华人民共和国境内履行的中外合资经营企业合同、中外合作经营企业合同、中外合作勘探开发自然资源合同，适用中华人民共和国法律。

第一百二十七条 工商行政管理部门和其他有关行政主管部门在各自的职权范围内，依照法律、行政法规的规定，对利用合同危害国家利益、社会公共利益的违法行为，负责监督处理；构成犯罪的，依法追究刑事责任。

第一百二十八条 当事人可以通过和解或者调解解决合同争议。当事人不愿和解、调解或者和解、调解不成的，可以根据仲裁协议向仲裁机构申请仲裁。涉外合同的当事人可以根据仲裁协议向中国仲裁机构或者其他仲裁机构申请仲裁。当事人没有订立仲裁协议或者仲裁协议无效的，可以向人民法院起诉。当事人应当履行发生法律效力的判决、仲裁裁决、调解书；拒不履行的，对方可以请求人民法院执行。

第一百二十九条 因国际货物买卖合同和技术进出口合同争议提起诉讼或者申请仲裁的期限为四年，自当事人知道或者应当知道其权利受到分割之日起计算。因其他合同争议提起诉讼或者申诉仲裁的期限，依照有关法律的规定。

分 则

第十六章 建设工程合同

第二百六十九条 建设工程合同是承包人进行工程建设，发包人支付价款的合同。建设工程合同包括工程勘察、设计、施工合同。

第二百七十条 建设工程合同应当采用书面形式。

第二百七十一条 建设工程的招标投标活动，应当依照有关法律的规定公开、公平、公正进行。

第二百七十二条 发包人可以与总承包人订立建设工程合同，也可以分别与勘察人、设计人、施工人订立勘察、设计、施工承包合同。发包人不得将应当由一个承包人完成的建设工程肢解成若干部分发包给几个承包人。总承包人或者勘察、设计、施工承包人经发包人同意，可以将自己承包的部分工作交由第三人完成。第三人就其完成的工作成果与总承包人或者勘察、设计、施工承包人向发包人承担连带责任。承包人不得将其承包的全部建设工程转包给第三人或者将其承包的全部建设工程肢解以后以分包的名义分别转包给第三人。禁止承包人将工程分包给不具备相应资质条件的单位。禁止分包单位将其承包的工程再分包。建设工程主体结构的施工必须由承包人自行完成。

第二百七十三条 国家重大建设工程合同，应当按照国家规定的程序和国家批准的投资计划、可行性研究报告等文件订立。

第二百七十四条 勘察、设计合同的内容包括提交有关基础资料和文件（包括概预算）的期限、质量要求、费用以及其他协作条件等条款。

第二百七十五条 施工合同的内容包括工程范围、建设工期、中间交工工程的开工和竣工时间、工程质量、工程造价、技术资料交付时间、材料和设备供应责任、拨款和结算、竣工验收、质量保修范围和质量保证期、双方相互协作等条款。

第二百七十六条 建设工程实行监理的，发包人应当与监理人采用书面形式订立委托监理合同。发包人与监理人的权利和义务以及法律责任，应当依照本法委托合同以及其他有关法律、行政法规的规定。

第二百七十七条 发包人在不妨碍承包人正常作业的情况下，可以随时对作业进度、质量进行检查。

第二百七十八条 隐蔽工程在隐蔽以前，承包人应当通知发包人检查。发包人没有及时检查的，承包人可以顺延工程日期，并有权要求赔偿停工、窝工等损失。

第二百七十九条 建设工程竣工后，发包人应当根据施工图纸及说明书、国家颁发的施工验收规范和质量检验标准及时进行验收。验收合格的，发包人应当按照约定支付价款，并接收该建设工程。建设工程竣工经验收合格后，方可交付使用；未经验收或者验收不合格的，不得交付使用。

第二百八十条 勘察、设计的质量不符合要求或者未按照期限提交勘察、设计文件拖延工期，造成发包人损失的，勘察人、设计人应当继续完善勘察、设计，减收或者免收勘察、设计费并赔偿损失。

第二百八十一条 因施工人的原因致使建设工程质量不符合约定的，发包人有权要求施工人在合理期限内无偿修理或者返工、改建。经过修理或者返工、改建后，造成逾期交付的，施工人应当承担违约责任。

第二百八十二条 因承包人的原因致使建设工程在合理使用期限内造成人身和财产损害的，承包人应当承担损害赔偿责任。

第二百八十三条 发包人未按照约定的时间和要求提供原材料、设备、场地、资金、技术资料的，承包人可以顺延工程日期，并有权要求赔偿停工、窝工等损失。

第二百八十四条 因发包人的原因致使工程中途停建、缓建的，发包人应当采取措施弥补或者减少损失，赔偿承包人因此造成的停工、窝工、倒运、机械设备调迁、材料和构件积压等损失和实际费用。

第二百八十五条 因发包人变更计划，提供的资料不准确，或者未按照期限提供必需的勘察、设计工作条件而造成勘察、设计的返工、停工或者修改设计，发包人应当按照勘察人、设计人实际消耗的工作量增付费用。

第二百八十六条 发包人未按照约定支付价款的，承包人可以催告发包人在合理期限内支付价款。发包人逾期不支付的，除按照建设工程的性质不宜折价、拍卖的以外，承包人可以与发包人协议将该工程折价，也可以申请人民法院将该工程依法拍卖。建设工程的价款就该工程折价或者拍卖的价款优先受偿。

第二百八十七条 本章没有规定的，适用承揽合同的有关规定。

第二十一章 委托合同

第三百九十六条 委托合同是委托人和受托人约定，由受托人处理委托人事务的合同。

第三百九十七条 委托人可以特别委托受托人处理一项或者数项事务，也可以概括委托受托人处理一切事务。

第三百九十八条 委托人应当预付处理委托事务的费用。受托人为处理委托事务垫付的必要费用，委托人应当偿还该费用及其利息。

第三百九十九条 受托人应当按照委托人的指示处理委托事务。需要变更委托人指示的，应当经委托人同意；因情况紧急，难以和委托人取得联系的，受托人应当妥善处理委托事务，但事后应当将该情况及时报告委托人。

第四百条 受托人应当亲自处理委托事务。经委托人同意，受托人可以转委托。转委托经同意的，委托人可以就委托事务直接指示转委托的第三人，受托人仅就第三人的选任及其对第三人的指示承担责任。转委托未经同意的，受托人应当对转委托的第三人的行为承担责任，但在紧急情况下受托人为维护委托人的利益需要转委托的除外。

第四百零一条 受托人应当按照委托人的要求，报告委托事务的处理情况。委托合同终止时，受托人应当报告委托事务的结果。

第四百零二条 受托人以自己的名义，在委托人的授权范围内与第三人订立的合同，第三人在订立合同时知道受托人与委托人之间的代理关系的，该合同直接约束委托人和第三人，但有确切证据证明该合同只约束受托人和第三人的除外。

第四百零三条 受托人以自己的名义与第三人订立合同时，第三人不知道受托人与委托人之间的代理关系的，受托人因第三人的原因对委托人不履行义务，受托人应当向委托人披露第三人，委托人因此可以行使受托人对第三人的权利，但第三人与受托人订立合同时如果知道该委托人就不会订立合同的除外。受托人因委托人的原因对第三人不履行义务，受托人应当向第三人披露委托人，第三人因此可以选择受托人或者委托人作为相对人主张其权利，但第三人不得变更选定的相对义务，受托人应当向第三人披露委托人，第三人因此可以选择受托人或者委托人作为相对人主张其权利，但第三人不得变更选定的相对人。委托人行使受托人对第三人的权利的，第三人可以向委托人主张其对受托人的抗辩。第三人选定委托人作为其相对人的，委托人可以向第三人主张其对受托人的抗辩以及受托人对第三人的抗辩。

第四百零四条 受托人处理委托事务取得的财产，应当转交给委托人。

第四百零五条 受托人完成委托事务的，委托人应当向其支付报酬。因不可归责于受托人的事由，委托合同解除或者委托事务不能完成的，委托人应当向受托人支付相应的报酬。当事人另有约定的，按照其约定。

第四百零六条 有偿的委托合同，因受托人的过错给委托人造成损失的，委托人可以要求赔偿损失。无偿的委托合同，因受托人的故意或者重大过失给委托人造成损失的，委托人可以要求赔偿损失。受托人超越权限给委托人造成损失的，应当赔偿损失。

第四百零七条 受托人处理委托事务时，因不可归责于自己的事由受到损失的，可以向委托人要求赔偿损失。

第四百零八条 委托人经受托人同意，可以在受托人之外委托第三人处理委托事务。因此给受托人造成损失的，受托人可以向委托人要求赔偿损失。

第四百零九条 两个以上的受托人共同处理委托事务的，对委托人承担连带责任。

第四百一十条 委托人或者受托人可以随时解除委托合同。因解除合同给对方造成损失的，除不可归责于该当事人的事由以外，应当赔偿损失。

第四百一十一条 委托人或者受托人死亡、丧失民事行为能力或者破产的，委托合同终止，但当事人另有约定或者根据委托事务的性质不宜终止的除外。

第四百一十二条 因委托人死亡、丧失民事行为能力或者破产，致使委托合同终止将损害委托人利益的，在委托人的继承人、法定代理人或者清算组织承受委托事务之前，受托人应当继续处理委托事务。

第四百一十三条 因受托人死亡、丧失民事行为能力或者破产，致使委托合同终止的，受托人的继承人、法定代理人或者清算组织应当及时通知委托人。因委托合同终止将损害委托人利益的，在委托人作出善后处理之前，受托人的继承人、法定代理人或者清算组织应当采取必要措施。

附　则

第四百二十八条 本法自 1999 年 10 月 1 日起施行，《中华人民共和国经济合同法》、《中华人民共和国涉外经济合同法》、《中华人民共和国技术合同法》同时废止。

建设工程监理范围和规模标准规定

（2000 年 12 月 29 日经第 36 次部常务会议讨论通过，2001 年 1 月 17 日建设部令第 86 号发布，自发布之日起施行）

第一条　为了确定必须实行监理的建设工程项目具体范围和规模标准，规范建设工程监理活动，根据《建设工程质量管理条例》，制定本规定。

第二条　下列建设工程必须实行监理：

（一）国家重点建设工程；

（二）大中型公用事业工程；

（三）成片开发建设的住宅小区工程；

（四）利用外国政府或者国际组织贷款、援助资金的工程；

（五）国家规定必须实行监理的其他工程。

第三条　国家重点建设工程，是指依据《国家重点建设项目管理办法》所确定的对国民经济和社会发展有重大影响的骨干项目。

第四条　大中型公用事业工程，是指项目总投资额在 3000 万元以上的下列工程项目：

（一）供水、供电、供气、供热等市政工程项目；

（二）科技、教育、文化等项目；

（三）体育、旅游、商业等项目；

（四）卫生、社会福利等项目；

（五）其他公用事业项目。

第五条　成片开发建设的住宅小区工程，建筑面积在 5 万平方米以上的住宅建设工程必须实行监理；5 万平方米以下的住宅建设工程，可以实行监理，具体范围和规模标准，由省、自治区、直辖市人民政府建设行政主管部门规定。

为了保证住宅质量，对高层住宅及地基、结构复杂的多层住宅应当实行监理。

第六条　利用外国政府或者国际组织贷款、援助资金的工程范围包括：

（一）使用世界银行、亚洲开发银行等国际组织贷款资金的项目；

（二）使用国外政府及其机构贷款资金的项目；

（三）使用国际组织或者国外政府援助资金的项目。

第七条　国家规定必须实行监理的其他工程是指：

（一）项目总投资额在 3000 万元以上关系社会公共利益、公众安全的下列基础设施项目：

（1）煤炭、石油、化工、天然气、电力、新能源等项目；

（2）铁路、公路、管道、水运、民航以及其他交通运输业等项目；

（3）邮政、电信枢纽、通信、信息网络等项目；

（4）防洪、灌溉、排涝、发电、引（供）水、滩涂治理、水资源保护、水土保持等水利建设项目；

（5）道路、桥梁、地铁和轻轨交通、污水排放及处理、垃圾处理、地下管道、公共停车场等城市基础设施项目；

（6）生态环境保护项目；

（7）其他基础设施项目。

（二）学校、影剧院、体育场馆项目。

第八条　国务院建设行政主管部门商同国务院有关部门后，可以对本规定确定的必须实行监理的建设工程具体范围和规模标准进行调整。

第九条　本规定由国务院建设行政主管部门负责解释。

第十条　本规定自发布之日起施行。

最高人民法院
关于适用《中华人民共和国合同法》若干问题的解释（一）

（1999 年 12 月 1 日由最高人民法院审判委员会第 1090 次会议通过，1999 年 12 月 19 日法释〔1999〕19 号公布，自 1999 年 12 月 29 日起施行）

为了正确审理合同纠纷案件，根据《中华人民共和国合同法》（以下简称合同法）的规定，对人民法院适用合同法的有关问题作出如下解释：

一、法律适用范围

第一条 合同法实施以后成立的合同发生纠纷起诉到人民法院的，适用合同法的规定；合同法实施以前成立的合同发生纠纷起诉到人民法院的，除本解释另有规定的以外，适用当时的法律规定，当时没有法律规定的，可以适用合同法的有关规定。

第二条 合同成立于合同法实施之前，但合同约定的履行期限跨越合同法实施之日或者履行期限在合同法实施之后，因履行合同发生的纠纷，适用合同法第四章的有关规定。

第三条 人民法院确认合同效力时，对合同法实施以前成立的合同，适用当时的法律合同无效而适用合同法合同有效的，则适用合同法。

第四条 合同法实施以后，人民法院确认合同无效，应当以全国人大及其常委会制定的法律和国务院制定的行政法规为依据，不得以地方性法规、行政规章为依据。

第五条 人民法院对合同法实施以前已经作出终审裁决的案件进行再审，不适用合同法。

二、诉讼时效

第六条 技术合同争议当事人的权利受到侵害的事实发生在合同法实施之前，自当事人知道或者应当知道其权利受到侵害之日起至合同法实施之日超过一年的，人民法院不予保护；尚未超过一年的，其提起诉讼的时效期间为二年。

第七条 技术进出口合同争议当事人的权利受到侵害的事实发生在合同法实施之前，自当事人知道或者应当知道其权利受到侵害之日起至合同法施行之日超过二年的，人民法院不予保护；尚未超过二年的，其提起诉讼的时效期间为四年。

第八条 合同法第五十五条规定的"一年"、第七十五条和第一百零四条第二款规定的"五年"为不变期间，不适用诉讼时效中止、中断或者延长的规定。

三、合同效力

第九条 依照合同法第四十四条第二款的规定，法律、行政法规规定合同应当办理批准手续，或者办理批准、登记等手续才生效，在一审法庭辩论终结前当事人仍未办理批准手续的，或者仍未办理批准、登记等手续的，人民法院应当认定该合同未生效；法律、行政法规规定合同应当办理登记手续，但未规定登记后生效的，当事人未办理登记手续不影响合同的效力，合同标的物所有权及其他物权不能转移。

合同法第七十七条第二款、第八十七条、第九十六条第二款所列合同变更、转让、解除等情形，依照前款规定处理。

第十条 当事人超越经营范围订立合同，人民法院不因此认定合同无效。但违反国家限制经营、特许经营以及法律、行政法规禁止经营规定的除外。

四、代位权

第十一条 债权人依照合同法第七十三条的规定提起代位权诉讼，应当符合下列条件：

（一）债权人对债务人的债权合法；

（二）债务人怠于行使其到期债权，对债权人造成损害；

（三）债务人的债权已到期；

（四）债务人的债权不是专属于债务人自身的债权。

第十二条 合同法第七十三条第一款规定的专属于债务人自身的债权，是指基于扶养关系、抚养关系、赡养关系、继承关系产生的给付请求权和劳动报酬、退休金、养老金、抚恤金、安置费、人寿保险、人身伤害赔偿请求权等权利。

第十三条 合同法第七十三条规定的"债务人怠于行使其到期债权，对债权人造成损害的"，是指债务人不履行其对债权人的到期债务，又不以诉讼方式或者仲裁方式向其债务人主张其享有的具有金钱给付内容的到期债权，致使债权人的到期债权未能实现。

次债务人（即债务人的债务人）不认为债务人有怠于行使其到期债权情况的，应当承担举证责任。

第十四条 债权人依照合同法第七十三条的规定提起代位权诉讼的，由被告住所地人民法院管辖。

第十五条 债权人向人民法院起诉债务人以后，又向同一人民法院对次债务人提起代位权诉讼，符合本解释第十四条的规定和《中华人民共和国民事诉讼法》第一百零八条规定的起诉条件的，应当立案受理；不符合本解释第十四条规定的，告知债权人向次债务人住所地人民法院另行起诉。

受理代位权诉讼的人民法院在债权人起诉债务人的诉讼裁决发生法律效力以前，应当依照《中华人民共和国民事诉讼法》第一百三十六条第（五）项的规定中止代位权诉讼。

第十六条 债权人以次债务人为被告向人民法院提起代位权诉讼，未将债务人列为第三人的，人民法院可以追加债务人为第三人。

两个或者两个以上债权人以同一次债务人为被告提起代位权诉讼的，人民法院可以合并审理。

第十七条 在代位权诉讼中，债权人请求人民法院对次债务人的财产采取保全措施的，应当提供相应的财产担保。

第十八条 在代位权诉讼中，次债务人对债务人的抗辩，可以向债权人主张。

债务人在代位权诉讼中对债权人的债权提出异议，经审查异议成立的，人民法院应当裁定驳回债权人的起诉。

第十九条 在代位权诉讼中，债权人胜诉的，诉讼费由次债务人负担，从实现的债权中优先支付。

第二十条 债权人向次债务人提起的代位权诉讼经人民法院审理后认定代位权成立的，由次债务人向债权人履行清偿义务，债权人与债务人、债务人与次债务人之间相应的债权债务关系即予消灭。

第二十一条 在代位权诉讼中，债权人行使代位权的请求数额超过债务人所负债务额或者超过次债务人对债务人所负债务额的，对超出部分人民法院不予支持。

第二十二条 债务人在代位权诉讼中，对超过债权人代位请求数额的债权部分起诉次债务人的，人民法院应当告知其向有管辖权的人民法院另行起诉。

债务人的起诉符合法定条件的，人民法院应当受理；受理债务人起诉的人民法院在代位权诉讼裁决发生法律效力以前，应当依法中止。

五、撤销权

第二十三条 债权人依照合同法第七十四条的规定提起撤销权诉讼的，由被告住所地人民法院管辖。

第二十四条 债权人依照合同法第七十四条的规定提起撤销权诉讼时只以债务人为被告，未将受益人或者受让人列为第三人的，人民法院可以追加该受益人或者受让人为第三人。

第二十五条 债权人依照合同法第七十四条的规定提起撤销权诉讼，请求人民法院撤销债务人放弃债权或转让财产的行为，人民法院应当就债权人主张的部分进行审理，依法撤销的，该行为自始无效。

两个或者两个以上债权人以同一债务人为被告，就同一标的提起撤销权诉讼的，人民法院可以合并审理。

第二十六条 债权人行使撤销权所支付的律师代理费、差旅费等必要费用，由债务人负担；第三人有过错的，应当适当分担。

六、合同转让中的第三人

第二十七条 债权人转让合同权利后，债务人与受让人之间因履行合同发生纠纷诉至人民法院，债务人对债权人的权利提出抗辩的，可以将债权人列为第三人。

第二十八条 经债权人同意，债务人转移合同义务后，受让人与债权人之间因履行合同发生纠纷诉至人民法院，受让人就债务人对债权人的权利提出抗辩的，可以将债务人列为第三人。

第二十九条 合同当事人一方经对方同意将其在合同中的权利义务一并转让给受让人，对方与受让人因履行合同发生纠纷诉至人民法院，对方就合同权利义务提出抗辩的，可以将出让方列为第三人。

七、请求权竞合

第三十条 债权人依照合同法第一百二十二条的规定向人民法院起诉时作出选择后，在一审开庭以前又变更诉讼请求的，人民法院应当准许。对方当事人提出管辖权异议，经审查异议成立的，人民法院应当驳回起诉。

最高人民法院
关于适用《中华人民共和国合同法》若干问题的解释（二）

(2009 年 2 月 9 日由最高人民法院审判委员会第 1462 次会议通过，2009 年 4 月 24 日法释〔2009〕5 号公布，自 2009 年 5 月 13 日起施行)

为了正确审理合同纠纷案件，根据《中华人民共和国合同法》的规定，对人民法院适用合同法的有关问题作出如下解释：

一、合同的订立

第一条 当事人对合同是否成立存在争议，人民法院能够确定当事人名称或者姓名、标的和数量的，一般应当认定合同成立。但法律另有规定或者当事人另有约定的除外。

对合同欠缺的前款规定以外的其他内容，当事人达不成协议的，人民法院依照合同法第六十一条、第六十二条、第一百二十五条等有关规定予以确定。

第二条 当事人未以书面形式或者口头形式订立合同，但从双方从事的民事行为能够推定双方有订立合同意愿的，人民法院可以认定是以合同法第十条第一款中的"其他形式"订立的合同。但法律另有规定的除外。

第三条 悬赏人以公开方式声明对完成一定行为的人支付报酬，完成特定行为的人请求悬赏人支付报酬的，人民法院依法予以支持。但悬赏有合同法第五十二条规定情形的除外。

第四条 采用书面形式订立合同，合同约定的签订地与实际签字或者盖章地点不符的，人民法院应当认定约定的签订地为合同签订地；合同没有约定签订地，双方当事人签字或者盖章不在同一地点的，人民法院应当认定最后签字或者盖章的地点为合同签订地。

第五条 当事人采用合同书形式订立合同的，应当签字或者盖章。当事人在合同书上摁手印的，人民法院应当认定其具有与签字或者盖章同等的法律效力。

第六条 提供格式条款的一方对格式条款中免除或者限制其责任的内容，在合同订立时采用足以引起对方注意的文字、符号、字体等特别标识，并按照对方的要求对该格式条款予以说明的，人民法院应当认定符合合同法第三十九条所称"采取合理的方式"。

提供格式条款一方对已尽合理提示及说明义务承担举证责任。

第七条 下列情形，不违反法律、行政法规强制性规定的，人民法院可以认定为合同法所称"交易习惯"：

（一）在交易行为当地或者某一领域、某一行业通常采用并为交易对方订立合同时所知道或者应当知道的做法；

（二）当事人双方经常使用的习惯做法。

对于交易习惯，由提出主张的一方当事人承担举证责任。

第八条 依照法律、行政法规的规定经批准或者登记才能生效的合同成立后，有义务办理申请批准或者申请登记等手续的一方当事人未按照法律规定或者合同约定办理申请批准或者未申请登记的，属于合同法第四十二条第（三）项规定的"其他违背诚实信用原则的行为"，人民法院可以根据案件的具体情况和相对人的请求，判决相对人自己办理有关手续；对方当事人对由此产生的费用和给相对人造成的实际损失，应当承担损害赔偿责任。

二、合同的效力

第九条 提供格式条款的一方当事人违反合同法第三十九条第一款关于提示和说明义务的规定，导致对方没有注意免除或者限制其责任的条款，对方当事人申请撤销该格式条款的，人民法院应当支持。

第十条 提供格式条款的一方当事人违反合同法第三十九条第一款的规定，并具有合同法第四十条规定的情形之一的，人民法院应当认定该格式条款无效。

第十一条 根据合同法第四十七条、第四十八条的规定，追认的意思表示自到达相对人时生效，合同自订立时起生效。

第十二条 无权代理人以被代理人的名义订立合同，被代理人已经开始履行合同义务的，视为对合同的追认。

第十三条 被代理人依照合同法第四十九条的规定承担有效代理行为所产生的责任后，可以向无权代理人追偿因代理行为而遭受的损失。

第十四条 合同法第五十二条第（五）项规定的"强制性规定"，是指效力性强制性规定。

第十五条 出卖人就同一标的物订立多重买卖合同，合同均不具有合同法第五十二条规定的无效情形，买受人因不能按照合同约定取得标的物所有权，请求追究出卖人违约责任的，人民法院应予支持。

三、合同的履行

第十六条 人民法院根据具体案情可以将合同法第六十四条、第六十五条规定的第三人列为无独立请求权的第三人，但不得依职权将其列为该合同诉讼案件的被告或者有独立请求权的第三人。

第十七条 债权人以境外当事人为被告提起的代位权诉讼，人民法院根据《中华人民共和国民事诉讼法》第二百四十一条的规定确定管辖。

第十八条 债务人放弃其未到期的债权或者放弃债权担保，或者恶意延长到期债权的履行期，对债权人造成损害，债权人依照合同法第七十四条的规定提起撤销权诉讼的，人民法院应当支持。

第十九条 对于合同法第七十四条规定的"明显不合理的低价"，人民法院应当以交易当地一般经营者的判断，并参考交易当时交易地的物价部门指导价或者市场交易价，结合其他相关因素综合考虑予以确认。

转让价格达不到交易时交易地的指导价或者市场交易价百分之七十的，一般可以视为明显不合理的低价；对转让价格高于当地指导价或者市场交易价百分之三十的，一般可以视为明显不合理的高价。

债务人以明显不合理的高价收购他人财产，人民法院可以根据债权人的申请，参照合同法第七十四条的规定予以撤销。

第二十条 债务人的给付不足以清偿其对同一债权人所负的数笔相同种类的全部债务，应当优先抵充已到期的债务；几项债务均到期的，优先抵充对债权人缺乏担保或者担保数额最少的债务；担保数额相同的，优先抵充债务负担较重的债务；负担相同的，按照债务到期的先后顺序抵充；到期时间相同的，按比例抵充。但是，债权人与债务人对清偿的债务或者清偿抵充顺序有约定的除外。

第二十一条 债务人除主债务之外还应当支付利息和费用，当其给付不足以清偿全部债务时，并且当事人没有约定的，人民法院应当按照下列顺序抵充：

（一）实现债权的有关费用；

（二）利息；

（三）主债务。

四、合同的权利义务终止

第二十二条 当事人一方违反合同法第九十二条规定的义务，给对方当事人造成损失，对方当事人请求赔偿实际损失的，人民法院应当支持。

第二十三条 对于依照合同法第九十九条的规定可以抵销的到期债权，当事人约定不得抵销的，人民法院可以认定该约定有效。

第二十四条 当事人对合同法第九十六条、第九十九条规定的合同解除或者债务抵销虽有异议，但在约定的异议期限届满后才提出异议并向人民法院起诉的，人民法院不予支持；当事人没有约定异议期间，在解除合同或者债务抵销通知到达之日起三个月以后才向人民法院起诉的，人民法院不予支持。

第二十五条 依照合同法第一百零一条的规定，债务人将合同标的物或者标的物拍卖、变卖所得价款交付提存部门时，人民法院应当认定提存成立。

提存成立的，视为债务人在其提存范围内已经履行债务。

第二十六条 合同成立以后客观情况发生了当事人在订立合同时无法预见的、非不可抗力造成的不属于商业风险的重大变化，继续履行合同对于一方当事人明显不公平或者不能实现合同目的，当事人请求人民法院变更或者解除合同的，人民法院应当根据公平原则，并结合案件的实际情况确定是否变更或者解除。

五、违约责任

第二十七条 当事人通过反诉或者抗辩的方式，请求人民法院依照合同法第一百一十四条第二款的规定调整违约金的，人民法院应予支持。

第二十八条 当事人依照合同法第一百一十四条第二款的规定，请求人民法院增加违约金的，增加后的违约金数额以不超过实际损失额为限。增加违约金以后，当事人又请求对方赔偿损失的，人民法院不予支持。

第二十九条 当事人主张约定的违约金过高请求予以适当减少的，人民法院应当以实际损失为基础，兼顾合同的履行情况、当事人的过错程度以及预期利益等综合因素，根据公平原则和诚实信用原则予以衡量，并作出裁决。

当事人约定的违约金超过造成损失的百分之三十的，一般可以认定为合同法第一百一十四条第二款规定的"过分高于造成的损失"。

六、附则

第三十条 合同法施行后成立的合同发生纠纷的案件，本解释施行后尚未终审的，适用本解释；本解释施行前已经终审，当事人申请再审或者按照审判监督程序决定再审的，不适用本解释。

最高人民法院
关于审理建设工程施工合同纠纷案件适用法律问题的解释

（2004年9月29日最高人民法院审判委员会第1327次会议通过，2004年10月25日法释〔2004〕14号公布，自2005年1月1日起施行）

根据《中华人民共和国民法通则》、《中华人民共和国合同法》、《中华人民共和国招标投标法》、《中华人民共和国民事诉讼法》等法律规定，结合民事审判实际，就审理建设工程施工合同纠纷案件适用法律的问题，制定本解释。

第一条 建设工程施工合同具有下列情形之一的，应当根据合同法第五十二条第（五）项的规定，认定无效：

（一）承包人未取得建筑施工企业资质或者超越资质等级的；

（二）没有资质的实际施工人借用有资质的建筑施工企业名义的；

（三）建设工程必须进行招标而未招标或者中标无效的。

第二条 建设工程施工合同无效，但建设工程经竣工验收合格，承包人请求参照合同约定支付工程价款的，应予支持。

第三条 建设工程施工合同无效，且建设工程经竣工验收不合格的，按照以下情形分别处理：

（一）修复后的建设工程经竣工验收合格，发包人请求承包人承担修复费用的，应予支持；

（二）修复后的建设工程经竣工验收不合格，承包人请求支付工程价款的，不予支持。

因建设工程不合格造成的损失，发包人有过错的，也应承担相应的民事责任。

第四条 承包人非法转包、违法分包建设工程或者没有资质的实际施工人借用有资质的建筑施工企业名义与他人签订建设工程施工合同的行为无效。人民法院可以根据民法通则第一百三十四条规定，收缴当事人已经取得的非法所得。

第五条 承包人超越资质等级许可的业务范围签订建设工程施工合同，在建设工程竣工前取得相应资质等级，当事人请求按照无效合同处理的，不予支持。

第六条 当事人对垫资和垫资利息有约定，承包人请求按照约定返还垫资及其利息的，应予支持，但是约定的利息计算标准高于中国人民银行发布的同期同类贷款利率的部分除外。

当事人对垫资没有约定的，按照工程欠款处理。

当事人对垫资利息没有约定，承包人请求支付利息的，不予支持。

第七条 具有劳务作业法定资质的承包人与总承包人、分包人签订的劳务分包合同，当事人以转包建设工程违反法律规定为由请求确认无效的，不予支持。

第八条 承包人具有下列情形之一，发包人请求解除建设工程施工合同的，应予支持：

（一）明确表示或者以行为表明不履行合同主要义务的；

（二）合同约定的期限内没有完工，且在发包人催告的合理期限内仍未完工的；

（三）已经完成的建设工程质量不合格，并拒绝修复的；

（四）将承包的建设工程非法转包、违法分包的。

第九条 发包人具有下列情形之一，致使承包人无法施工，且在催告的合理期限内仍未履行相应义务，承包人请求解除建设工程施工合同的，应予支持：

（一）未按约定支付工程价款的；

（二）提供的主要建筑材料、建筑构配件和设备不符合强制性标准的；

（三）不履行合同约定的协助义务的。

第十条 建设工程施工合同解除后，已经完成的建设工程质量合格的，发包人应当按照约定支付相应的工程价款；已经完成的建设工程质量不合格的，参照本解释第三条规定处理。

因一方违约导致合同解除的，违约方应当赔偿因此而给对方造成的损失。

第十一条 因承包人的过错造成建设工程质量不符合约定，承包人拒绝修理、返工或者改建，发包人请求减少支付工程价款的，应予支持。

第十二条 发包人具有下列情形之一，造成建设工程质量缺陷，应当承担过错责任：

（一）提供的设计有缺陷；

（二）提供或者指定购买的建筑材料、建筑构配件、设备不符合强制性标准；

（三）直接指定分包人分包专业工程。

承包人有过错的，也应当承担相应的过错责任。

第十三条 建设工程未经竣工验收，发包人擅自使用后，又以使用部分质量不符合约定为由主张权利的，不予支持；但是承包人应当在建设工程的合理使用寿命内对地基基础工程和主体结构质量承担民事责任。

第十四条 当事人对建设工程实际竣工日期有争议的，按照以下情形分别处理：

（一）建设工程经竣工验收合格的，以竣工验收合格之日为竣工日期；

（二）承包人已经提交竣工验收报告，发包人拖延验收的，以承包人提交验收报告之日为竣工日期；

（三）建设工程未经竣工验收，发包人擅自使用的，以转移占有建设工程之日为竣工日期。

第十五条 建设工程竣工前，当事人对工程质量发生争议，工程质量经鉴定合格的，鉴定期间为顺延工期期间。

第十六条 当事人对建设工程的计价标准或者计价方法有约定的，按照约定结算工程价款。

因设计变更导致建设工程的工程量或者质量标准发生变化，当事人对该部分工程价款不能协商一致的，可以参照签订建设工程施工合同时当地建设行政主管部门发布的计价方法或者计价标准结算工程价款。

建设工程施工合同有效，但建设工程经竣工验收不合格的，工程价款结算参照本解释第三条规定处理。

第十七条 当事人对欠付工程价款利息计付标准有约定的，按照约定处理；没有约定的，按照中国人民银行发布的同期同类贷款利率计息。

第十八条 利息从应付工程价款之日计付。当事人对付款时间没有约定或者约定不明的，下列时间视为应付款时间：

（一）建设工程已实际交付的，为交付之日；

（二）建设工程没有交付的，为提交竣工结算文件之日；

（三）建设工程未交付，工程价款也未结算的，为当事人起诉之日。

第十九条 当事人对工程量有争议的，按照施工过程中形成的签证等书面文件确认。承包人能够证明发包人同意其施工，但未能提供签证文件证明工程量发生的，可以按照当事人提供的其他证据确认实际发生的工程量。

第二十条 当事人约定，发包人收到竣工结算文件后，在约定期限内不予答复，视为认可竣工结算文件的，按照约定处理。承包人请求按照竣工结算文件结算工程价款的，应予支持。

第二十一条 当事人就同一建设工程另行订立的建设工程施工合同与经过备案的中标合同实质性内容不一致的，应当以备案的中标合同作为结算工程价款的根据。

第二十二条 当事人约定按照固定价结算工程价款，一方当事人请求对建设工程造价进行鉴定的，不予支持。

第二十三条 当事人对部分案件事实有争议的，仅对有争议的事实进行鉴定，但争议事实范围不能确定，或者双方当事人请求对全部事实鉴定的除外。

第二十四条 建设工程施工合同纠纷以施工行为地为合同履行地。

第二十五条 因建设工程质量发生争议的，发包人可以以总承包人、分包人和实际施工人为共同被告提起诉讼。

第二十六条 实际施工人以转包人、违法分包人为被告起诉的，人民法院应当依法受理。

实际施工人以发包人为被告主张权利的，人民法院可以追加转包人或者违法分包人为本案当事人。发包人只在欠付工程价款范围内对实际施工人承担责任。

第二十七条 因保修人未及时履行保修义务，导致建筑物毁损或者造成人身、财产损害的，保修人应当承担赔偿责任。

保修人与建筑物所有人或者发包人对建筑物毁损均有过错的，各自承担相应的责任。

第二十八条 本解释自二〇〇五年一月一日起施行。

施行后受理的第一审案件适用本解释。

施行前最高人民法院发布的司法解释与本解释相抵触的，以本解释为准。

国家发展改革委、建设部
关于印发《建设工程监理与相关服务收费管理规定》的通知

（发改价格〔2007〕670号，自2007年5月1日起施行）

国务院有关部门，各省、自治区、直辖市发展改革委、物价局、建设厅（委）：

为规范建设工程监理及相关服务收费行为，维护委托双方合法权益，促进工程监理行业健康发展，我们制定了《建设工程监理与相关服务收费管理规定》，现印发给你们，自2007年5月1日起执行。原国家物价局、建设部下发的《关于发布工程建设监理费有关规定的通知》（〔1992〕价费字479号）自本规定生效之日起废止。

附：建设工程监理与相关服务收费管理规定

中华人民共和国国家发展和改革委员会
中华人民共和国建设部
二○○七年三月三十日

附：

建设工程监理与相关服务收费管理规定

第一条 为规范建设工程监理与相关服务收费行为，维护发包人和监理人的合法权益，根据《中华人民共和国价格法》及有关法律、法规，制定本规定。

第二条 建设工程监理与相关服务，应当遵循公开、公平、公正、自愿和诚实信用的原则。依法须招标的建设工程，应通过招标方式确定监理人。监理服务招标应优先考虑监理单位的资信程度、监理方案的优劣等技术因素。

第三条 发包人和监理人应当遵守国家有关价格法律法规的规定，接受政府价格主管部门的监督、管理。

第四条 建设工程监理与相关服务收费根据建设项目性质不同情况，分别实行政府指导价或市场调节价。依法必须实行监理的建设工程施工阶段的监理收费实行政府指导价；其它建设工程施工阶段的监理收费和其它阶段的监理与相关服务收费实行市场调节价。

第五条 实行政府指导价的建设工程施工阶段监理收费，其基准价根据《建设工程监理与相关服务收费标准》计算，浮动幅度为上下20%。发包人和监理人应当根据建设工程的实际情况在规定的浮动幅度内协商确定收费额。实行市场调节价的建设工程监理与相关服务收费，由发包人和监理人协商确定收费额。

第六条 建设工程监理与相关服务收费，应当体现优质优价的原则。在保证工程质量的前提下，由于监理人提供的监理与相关服务节省投资，缩短工期，取得显著经济效益的，发包人可根据合同约定奖励监理人。

第七条 监理人应当按照《关于商品和服务实行明码标价的规定》，告知发包人有关服务项目、服务内容、服务质量、收费依据，以及收费标准。

第八条 建设工程监理与相关服务的内容、质量要求和相应的收费金额以及支付方式，由发包人和监理人在监理与相关服务合同中约定。

第九条 监理人提供的监理与相关服务，应当符合国家有关法律、法规和标准规范，满足合同约定的服务内容和质量等要求。监理人不得违反标准规范规定或合同约定，通过降低服务质量、减少服务内容等手段进行恶性竞争，扰乱正常市场秩序。

第十条 由于非监理人原因造成建设工程监理与相关服务工作量增加或减少的，发包人应当按合同约定与监理人协商另行支付或扣减相应的监理与相关服务费用。

第十一条 由于监理人原因造成监理与相关服务工作量增加的，发包人不另行支付监理与相关服务费用。

监理人提供的监理与相关服务不符合国家有关法律、法规和标准规范的，提供的监理服务人员、执业水平和服务时间未达到监理工作要求的，不能满足合同约定的服务内容和质量等要求的，发包人可按合同约定扣减相应的监理与相关服务费用。

由于监理人工作失误给发包人造成经济损失的，监理人应当按照合同约定依法承担相应赔偿责任。

第十二条　违反本规定和国家有关价格法律、法规规定的，由政府价格主管部门依据《中华人民共和国价格法》、《价格违法行为行政处罚规定》予以处罚。

第十三条　本规定及所附《建设工程监理与相关服务收费标准》，由国家发展改革委会同建设部负责解释。

第十四条　本规定自2007年5月1日起施行，规定生效之日前已签订服务合同及在建项目的相关收费不再调整。原国家物价局与建设部联合发布的《关于发布工程建设监理费有关规定的通知》（〔1992〕价费字479号）同时废止。国务院有关部门及各地制定的相关规定与本规定相抵触的，以本规定为准。

附件：建设工程监理与相关服务收费标准

附件：

建设工程监理与相关服务收费标准

1 总则

1.0.1 建设工程监理与相关服务是指监理人接受发包人的委托，提供建设工程施工阶段的质量、进度、费用控制管理和安全生产监督管理、合同、信息等方面协调管理服务，以及勘察、设计、保修等阶段的相关服务。各阶段的工作内容见《建设工程监理与相关服务的主要工作内容》（附表一）。

1.0.2 建设工程监理与相关服务收费包括建设工程施工阶段的工程监理（以下简称"施工监理"）服务收费和勘察、设计、保修等阶段的相关服务（以下简称"其他阶段的相关服务"）收费。

1.0.3 铁路、水运、公路、水电、水库工程的施工监理服务收费按建筑安装工程费分档定额计费方式计算收费。其他工程的施工监理服务收费按照建设项目工程概算投资额分档定额计费方式计算收费。

1.0.4 其他阶段的相关服务收费一般按相关服务工作所需工日和《建设工程监理与相关服务人员人工日费用标准》（附表四）收费。

1.0.5 施工监理服务收费按照下列公式计算：

（1）施工监理服务收费＝施工监理服务收费基准价×（1±浮动幅度值）

（2）施工监理服务收费基准价＝施工监理服务收费基价×专业调整系数×工程复杂程度调整系数×高程调整系数

1.0.6 施工监理服务收费基价

施工监理服务收费基价是完成国家法律法规、规范规定的施工阶段监理基本服务内容的价格。施工监理服务收费基价按《施工监理服务收费基价表》（附表二）确定，计费额处于两个数值区间的，采用直线内插法确定施工监理服务收费基价。

1.0.7 施工监理服务收费基准价

施工监理服务收费基准价是按照本收费标准规定的基价和1.0.5（2）计算出的施工监理服务基准收费额。发包人与监理人根据项目的实际情况，在规定的浮动幅度范围内协商确定施工监理服务收费合同额。

1.0.8 施工监理服务收费的计费额

施工监理服务收费以建设项目工程概算投资额分档定额计费方式收费的，其计费额为工程概算中的建筑安装工程费、设备购置费和联合试运转费之和，即工程概算投资额。对设备购置费和联合试运转费占工程概算投资额40%以上的工程项目，其建筑安装工程费全部计入计费额，设备购置费和联合试运转费按40%的比例计入计费额。但其计费额不应小于建筑安装工程费与其相同且设备购置费和联合试运转费等于工程概算投资额40%的工程项目的计费额。

工程中有利用原有设备并进行安装调试服务的，以签订工程监理合同时同类设备的当期价格作为施工监理服务收费的计费额；工程中有缓配设备的，应扣除签订工程监理合同时同类设备的当期价格作为施工监理服务收费的计费额；工程中有引进设备的，按照购进设备的离岸价格折换成人民币作为施工监理服务收费的计费额。

施工监理服务收费以建筑安装工程费分档定额计费方式收费的，其计费额为工程概算中的建筑安装工程费。

作为施工监理服务收费计费额的建设项目工程概算投资额或建筑安装工程费均指每个监理合同中约定的工程项目范围的计费额。

1.0.9 施工监理服务收费调整系数

施工监理服务收费调整系数包括：专业调整系数、工程复杂程度调整系数和高程调整系数。

（1）专业调整系数是对不同专业建设工程的施工监理工作复杂程度和工作量差异进行调整的系数。计算施工监理服务收费时，专业调整系数在《施工监理服务收费专业调整系数表》（附表三）中查找确定。

（2）工程复杂程度调整系数是对同一专业建设工程的施工监理复杂程度和工作量差异进行调整的系数。工程复杂程度分为一般、较复杂和复杂三个等级，其调整系数分别为：一般（Ⅰ级）0.85；较复杂（Ⅱ级）1.0；复杂（Ⅲ级）1.15。计算施工监理服务收费时，工程复杂程度在相应章节的《工程复杂程度表》中查找确定。

（3）高程调整系数如下：

海拔高程2001m以下的为1；

海拔高程2001～3000m为1.1；

海拔高程3001～3500m为1.2；

海拔高程 3501~4000m 为 1.3；

海拔高程 4001m 以上的，高程调整系数由发包人和监理人协商确定。

1.0.10 发包人将施工监理服务中的某一部分工作单独发包给监理人，按照其占施工监理服务工作量的比例计算施工监理服务收费，其中质量控制和安全生产监督管理服务收费不宜低于施工监理服务收费额的 70%。

1.0.11 建设工程项目施工监理服务由两个或者两个以上监理人承担的，各监理人按照其占施工监理服务工作量的比例计算施工监理服务收费。发包人委托其中一个监理人对建设工程项目施工监理服务总负责的，该监理人按照各监理人合计监理服务收费额的 4%~6% 向发包人收取总体协调费。

1.0.12 本收费标准不包括本总则 1.0.1 以外的其他服务收费。其他服务收费，国家有规定的，从其规定；国家没有规定的，由发包人与监理人协商确定。

2 矿山采选工程

2.1 矿山采选工程范围

适用于有色金属、黑色冶金、化学、非金属、黄金、铀、煤炭以及其他矿种采选工程。

2.2 矿山采选工程复杂程度

2.2.1 采矿工程

表 2.2-1 采矿工程复杂程度表

等级	工程特征
Ⅰ级	1. 地形、地质、水文条件简单； 2. 煤层、煤质稳定，全区可采，无岩浆岩侵入，无自然发火的矿井工程； 3. 立井筒垂深 <300m，斜井筒斜长 <500m； 4. 矿田地形为Ⅰ、Ⅱ类，煤层赋存条件属Ⅰ、Ⅱ类，可采煤层 2 层及以下，煤层埋藏深度 <100m，采用单一开采工艺的煤炭露天采矿工程； 5. 两种矿石品种，有分采、分贮、分运设施的露天采矿工程； 6. 矿体埋藏垂深 <120m 的山坡与深凹露天矿； 7. 矿石品种单一，斜井，平硐溜井，主、副、风井条数 <4 条的矿井工程。
Ⅱ级	1. 地形、地质、水文条件复杂； 2. 低瓦斯、偶见少量岩浆岩、自然发火倾向小的矿井工程； 3. 300m≤立井筒垂深 <800m，500m≤斜井筒斜长 <1000m，表土层厚度 <300m； 4. 矿田地形为Ⅲ类及以上，煤层赋存条件属Ⅲ类，煤层结构复杂，可采煤层多于 2 层，煤层埋藏深度 ≥100m，采用综合开采工艺的煤炭露天采矿工程； 5. 有两种矿石品种，主、副、风井条数 ≥4 条，有分采、分贮、分运设施的矿井工程； 6. 两种以上开拓运输方式，多采场的露天矿； 7. 矿体埋藏垂深 ≥120m 的深凹露天矿； 8. 采金工程。
Ⅲ级	1. 地形、地质、水文条件复杂； 2. 水患严重、有岩浆岩侵入、有自然发火危险的矿井工程； 3. 地压大，地温局部偏高，煤尘具爆炸性，高瓦斯矿井，煤层及瓦斯突出的矿井工程； 4. 立井筒垂深 ≥800m，斜井筒斜长 ≥1000m，表土层厚度 ≥300m； 5. 开采运输系统复杂，斜井胶带，联合开拓运输系统，有复杂的疏干、排水系统及设施； 6. 两种以上矿石品种，有分采、分贮、分运设施，采用充填采矿法或特殊采矿法的各类采矿工程； 7. 铀矿采矿工程。

2.2.2 选矿工程

表 2.2-2　选矿工程复杂程度表

等级	工程特征
Ⅰ级	1. 新建筛选厂（车间）工程； 2. 处理易选矿石，单一产品及选矿方法的选矿工程。
Ⅱ级	1. 新建和改扩建入洗下限≥25mm 选煤厂工程； 2. 两种矿产品及选矿方法的选矿工程。
Ⅲ级	1. 新建和改扩建入洗下限＜25mm 选煤厂、水煤浆制备及燃烧应用工程； 2. 两种以上矿产品及选矿方法的选矿工程。

3　加工冶炼工程

3.1　加工冶炼工程范围

适用于机械、船舶、兵器、航空、航天、电子、核加工、轻工、纺织、商物粮、建材、钢铁、有色等各类加工工程，钢铁、有色等冶炼工程。

3.2　加工冶炼工程复杂程度

表 3.2-1　加工冶炼工程复杂程度表

等级	工程特征
Ⅰ级	1. 一般机械辅机及配套厂工程； 2. 船舶辅机及配套厂，船舶普航仪器厂，吊车道工程； 3. 防化民爆工程，光电工程； 4. 文体用品、玩具、工艺美术品、日用杂品、金属制品厂等工程； 5. 针织、服装厂工程； 6. 小型林产加工工程； 7. 小型冷库、屠宰厂、制冰厂，一般农业（粮食）与内贸加工工程； 8. 普通水泥、砖瓦水泥制品厂工程； 9. 一般简单加工及冶炼辅助单体工程和单体附属工程； 10. 小型、技术简单的建筑铝材、铜材加工及配套工程。
Ⅱ级	1. 试验站（室），试车台，计量检测站，自动化立体和多层仓库工程，动力、空分等站房工程； 2. 造船厂，修船厂，坞修车间，船台滑道，船模试验水池，海洋开发工程设备厂，水声设备及水中兵器厂工程； 3. 坦克装甲车车辆、枪炮工程； 4. 航空装配厂、维修厂、辅机厂，航空、航天试验测试及零部件厂，航天产品部装厂工程； 5. 电子整机及基础产品项目工程，显示器件项目工程； 6. 食品发酵烟草工程，制糖工程，制盐及盐化工工程，皮革毛皮及其制品工程，家电及日用机械工程，日用硅酸盐工程； 7. 纺织工程； 8. 林产加工工程； 9. 商物粮加工工程； 10. ＜2000t/d 的水泥生产线，普通玻璃、陶瓷、耐火材料工程，特种陶瓷生产线工程，新型建筑材料工程； 11. 焦化、耐火材料、烧结球团及辅助、加工和配套工程，有色、钢铁冶炼等辅助、加工和配套工程。

续表

等级	工程特征
Ⅲ级	1. 机械主机制造厂工程； 2. 船舶工业特种涂装车间，干船坞工程； 3. 火炸药及火工品工程，弹箭引信工程； 4. 航空主机厂，航天产品总装厂工程； 5. 微电子产品项目工程，电子特种环境工程，电子系统工程； 6. 核燃料元/组件、铀浓缩、核技术及同位素应用工程； 7. 制浆造纸工程，日用化工工程； 8. 印染工程； 9. ≥2000t/d 的水泥生产线，浮法玻璃生产线； 10. 有色、钢铁冶炼（含连铸）工程，轧钢工程。

4 石油化工工程

4.1 石油化工工程范围

适用于石油、天然气、石油化工、化工、火化工、核化工、化纤、医药工程。

4.2 石油化工工程复杂程度

表 4.2-1 石油化工工程复杂程度表

等级	工程特征
Ⅰ级	1. 油气田井口装置和内部集输管线，油气计量站、接转站等场站，总容积＜50000m³ 或品种＜5 种的独立油库工程； 2. 平原微丘陵地区长距离油、气、水煤浆等各种介质的输送管道和中间场站工程； 3. 无机盐、橡胶制品、混配肥工程； 4. 石油化工工程的辅助生产设施和公用工程。
Ⅱ级	1. 油气田原油脱水转油站、油气水联合处理站，总容积≥50000m³ 或品种≥5 种的独立油库，天然气处理和轻烃回收厂站，三次采油回注水处理工程，硫磺回收及下游装置，稠油及三次采油联合处理站，油气田天然气液化及提氦、地下储气库； 2. 山区沼泽地带长距离油、气、水煤浆等各种介质的输送管道和首站、末站、压气站、调度中心工程； 3. 500 万吨/年以下的常减压蒸馏及二次加工装置，丁烯氧化脱氢、MTBE、丁二烯抽提、乙腈生产装置工程； 4. 磷肥、农药、精细化工、生物化工、化纤工程； 5. 医药工程； 6. 冷冻、脱盐、联合控制室、中高压热力站、环境监测、工业监视、三级污水处理工程。
Ⅲ级	1. 海上油气田工程； 2. 长输管道的穿跨越工程； 3. 500 万吨/年及以上的常减压蒸馏及二次加工装置，芳烃抽提、芳烃（PX），乙烯、精对苯二甲酸等单体原料，合成材料，LPG、LNG 低温储存运输设施工程； 4. 合成氨、制酸、制碱、复合肥、火化工、煤化工工程； 5. 核化工、放射性药品工程。

5 水利电力工程

5.1 水利电力工程范围

适用于水利、发电、送电、变电、核能工程。

5.2 水利电力工程复杂程度

5.2.1 水利、发电、送电、变电、核能工程

表 5.2-1 水利、发电、送电、变电、核能工程复杂程度表

等级	工程特征
Ⅰ级	1. 单机容量 200MW 及以下凝汽式机组发电工程，燃气轮机发电工程，50MW 及以下供热机组发电工程； 2. 电压等级 220kV 及以下的送电、变电工程； 3. 最大坝高 < 70m，边坡高度 < 50m，基础处理深度 < 20m 的水库水电工程； 4. 施工明渠导流建筑物与土石围堰； 5. 总装机容量 < 50MW 的水电工程； 6. 单洞长度 < 1km 的隧洞； 7. 无特殊环保要求。
Ⅱ级	1. 单机容量 300MW ~ 600MW 凝汽式机组发电工程，单机容量 50MW 以上供热机组发电工程，新能源发电工程（可再生能源、风电、潮汐等）； 2. 电压等级 330kV 的送电、变电工程； 3. 70m ≤ 最大坝高 < 100m 或 1000 万 m³ ≤ 库容 < 1 亿 m³ 的水库水电工程； 4. 地下洞室的跨度 < 15m，50m ≤ 边坡高度 < 100m，20m ≤ 基础处理深度 < 40m 的水库水电工程； 5. 施工隧洞导流建筑物（洞径 < 10m）或混凝土围堰（最大堰高 < 20m）； 6. 50MW ≤ 总装机容量 < 1000MW 的水电工程； 7. 1km ≤ 单洞长度 < 4km 的隧洞； 8. 工程位于省级重点环境（生态）保护区内，或毗邻省级重点环境（生态）保护区，有较高的环保要求。
Ⅲ级	1. 单机容量 600MW 以上凝汽式机组发电工程； 2. 换流站工程，电压等级 ≥ 500kV 送电、变电工程； 3. 核能工程； 4. 最大坝高 ≥ 100m 或库容 ≥ 1 亿 m³ 的水库水电工程； 5. 地下洞室的跨度 ≥ 15m，边坡高度 ≥ 100m，基础处理深度 ≥ 40m 的水库水电工程； 6. 施工隧洞导流建筑物（洞径 ≥ 10m）或混凝土围堰（最大堰高 ≥ 20m）； 7. 总装机容量 ≥ 1000MW 的水库水电工程； 8. 单洞长度 ≥ 4km 的水工隧洞； 9. 工程位于国家级重点环境（生态）保护区内，或毗邻国家级重点环境（生态）保护区，有特殊的环保要求。

5.2.2 其他水利工程

表 5.2-2 其他水利工程复杂程度表

等级	工程特征
Ⅰ级	1. 流量 < 15m³/s 的引调水渠道管线工程； 2. 堤防等级 Ⅴ 级的河道治理建（构）筑物及河道堤防工程； 3. 灌区田间工程； 4. 水土保持工程。
Ⅱ级	1. 15m³/s ≤ 流量 < 25m³/s 的引调水渠道管线工程； 2. 引调水工程中的建筑物工程； 3. 丘陵、山区、沙漠地区的引调水渠道管线工程； 4. 堤防等级 Ⅲ、Ⅳ 级的河道治理建（构）筑物及河道堤防工程。
Ⅲ级	1. 流量 ≥ 25m³/s 的引调水渠道管线工程； 2. 丘陵、山区、沙漠地区的引调水建筑物工程； 3. 堤防等级 Ⅰ、Ⅱ 级的河道治理建（构）筑物及河道堤防工程； 4. 护岸、防波堤、围堰、人工岛、围垦工程，城镇防洪、河口整治工程。

6 交通运输工程

6.1 交通运输工程范围

适用于铁路、公路、水运、城市交通、民用机场、索道工程。

6.2 交通运输工程复杂程度

6.2.1 铁路工程

表6.2-1 铁路工程复杂程度表

等级	工程特征
Ⅰ级	Ⅱ、Ⅲ、Ⅳ级铁路。
Ⅱ级	1. 时速200km客货共线； 2. Ⅰ级铁路； 3. 货运专线； 4. 独立特大桥； 5. 独立隧道。
Ⅲ级	1. 客运专线； 2. 技术特别复杂的工程。

注：1. 复杂程度调整系数Ⅰ级为0.85，Ⅱ级为1，Ⅲ为0.95；

2. 复杂程度等级Ⅱ级的新建双线复杂程度调整系数为0.85。

6.2.2 公路、城市道路、轨道交通、索道工程

表6.2-2 公路、城市道路、轨道交通、索道工程复杂程度表

等级	工程特征
Ⅰ级	1. 三级、四级公路及相应的机电工程； 2. 一级公路、二级公路的机电工程。
Ⅱ级	1. 一级公路、二级公路； 2. 高速公路的机电工程； 3. 城市道路、广场、停车场工程。
Ⅲ级	1. 高速公路工程； 2. 城市地铁、轻轨； 3. 客（货）运索道工程。

注：穿越山岭重丘区的复杂程度Ⅱ、Ⅲ级公路工程项目的部分复杂程度调整系数分别为1.1和1.26。

6.2.3 公路桥梁、城市桥梁和隧道工程

表6.2-3 公路桥梁、城市桥梁和隧道工程复杂程度表

等级	工程特征
Ⅰ级	1. 总长＜1000m或单孔跨径＜150m的公路桥梁； 2. 长度＜1000m的隧道工程； 3. 人行天桥、涵洞工程。
Ⅱ级	1. 总长≥1000m或150m≤单孔跨径＜250m的公路桥梁； 2. 1000m≤长度＜3000m的隧道工程； 3. 城市桥梁、分离式立交桥，地下通道工程。
Ⅲ级	1. 主跨≥250m拱桥，单跨≥250m预应力混凝土连续结构，≥400m斜拉桥，≥800m悬索桥； 2. 连拱隧道、水底隧道、长度≥3000m的隧道工程； 3. 城市互通式立交桥。

6.2.4 水运工程

表 6.2-4　水运工程复杂程度表

等级	工程特征
Ⅰ级	1. 沿海港口、航道工程：码头 <1000t 级，航道 <5000t 级； 2. 内河港口、航道整治、通航建筑工程：码头、航道整治、船闸 <100t 级； 3. 修造船厂水工工程：船坞、舾装码头 <3000t 级，船台、滑道船体重量 <1000t； 4. 各类疏浚、吹填、造陆工程。
Ⅱ级	1. 沿海港口、航道工程：1000t 级≤码头 <10000t 级，5000t 级≤航道 <30000t 级，护岸、引堤、防波堤等建筑物； 2. 油、气等危险品码头工程 <1000t 级； 3. 内河港口、航道整治、通航建筑工程：100t 级≤码头 <1000t 级，100t 级≤航道整治 <1000t 级，100t 级≤船闸 <500t 级，升船机 <300t 级； 4. 修造船厂水工工程：3000t 级≤船坞、舾装码头 <10000t 级，1000t≤船台、滑道船体重量 <5000t。
Ⅲ级	1. 沿海港口、航道工程：码头≥10000t 级，航道≥30000t 级； 2. 油、气等危险品码头工程≥1000t 级； 3. 内河港口、航道整治、通航建筑工程：码头、航道整治≥1000t 级，船闸≥500t 级，升船机≥300t 级； 4. 航运（电）枢纽工程； 5. 修造船厂水工工程：船坞、舾装码头≥10000t 级，船台、滑道船体重量 >5000t； 6. 水上交通管制工程。

6.2.5 民用机场工程

表 6.2-5　民用机场工程复杂程度表

等级	工程特征
Ⅰ级	3C 及以下场道、空中交通管制及助航灯光工程（项目单一或规模较小工程）；
Ⅱ级	4C、4D 场道、空中交通管制及助航灯光工程（中等规模工程）；
Ⅲ级	4E 及以上场道、空中交通管制及助航灯光工程（大型综合工程含配套措施）。

注：工程项目规模划分标准见《民用机场飞行区技术标准》。

7　建筑市政工程

7.1　建筑市政工程范围

适用于建筑、人防、市政公用、园林绿化、广播电视、邮政、电信工程。

7.2　建筑市政工程复杂程度

7.2.1 建筑、人防工程

表 7.2-1　建筑、人防工程复杂程度表

等级	工程特征
Ⅰ级	1. 高度 <24m 的公共建筑和住宅工程； 2. 跨度 <24m 的厂房和仓储建筑工程； 3. 室外工程及简单的配套用房； 4. 高度 <70m 的高耸构筑物。
Ⅱ级	1. 24m≤高度 <50m 的公共建筑工程； 2. 24m≤跨度 <36m 的厂房和仓储建筑工程； 3. 高度≥24m 的住宅工程； 4. 仿古建筑，一般标准的古建筑、保护性建筑以及地下建筑工程； 5. 装饰、装修工程； 6. 防护级别为四级及以下的人防工程； 7. 70m≤高度 <120m 的高耸构筑物。

等级	工程特征
Ⅲ级	1. 高度≥50m 的公共建筑工程，或跨度≥36m 的厂房和仓储建筑工程； 2. 高标准的古建筑、保护性建筑； 3. 防护级别为四级以上的人防工程； 4. 高度≥120m 的高耸构筑物。

7.2.2 市政公用、园林绿化工程

表 7.2-2　市政公用、园林绿化工程复杂程度表

等级	工程特征
Ⅰ级	1. DN＜1.0m 的给排水地下管线工程； 2. 小区内燃气管道工程； 3. 小区供热管网工程，＜2MW 的小型换热站工程； 4. 小型垃圾中转站，简易堆肥工程。
Ⅱ级	1. DN≥1.0m 的给排水地下管线工程；＜3m³/s 的给水、污水泵站；＜10 万吨/日给水厂工程，＜5 万吨/日污水处理厂工程； 2. 城市中、低压燃气管网（站），＜1000m³ 液化气贮罐场（站）； 3. 锅炉房，城市供热管网工程，≥2MW 换热站工程； 4. ≥100t/日的垃圾中转站，垃圾填埋工程； 5. 园林绿化工程。
Ⅲ级	1. ≥3m³/s 的给水、污水泵站，≥10 万吨/日给水厂工程，≥5 万吨/日污水处理厂工程； 2. 城市高压燃气管网（站），≥1000m³ 液化气贮罐场（站）； 3. 垃圾焚烧工程； 4. 海底排污管线，海水取排水、淡化及处理工程。

7.2.3 广播电视、邮政、电信工程

表 7.2-3　广播电视、邮政、电信工程复杂程度表

等级	工程特征
Ⅰ级	1. 广播电视中心设备（广播 2 套及以下，电视 3 套及以下）工程； 2. 中短波发射台（中波单机功率 $P＜1$kW，短波单机功率 $P＜50$kW）工程； 3. 电视、调频发射塔（台）设备（单机功率 $P＜1$kW）工程； 4. 广播电视收测台设备工程；三级邮件处理中心工艺工程。
Ⅱ级	1. 广播电视中心设备（广播 3~5 套，电视 4~6 套）工程； 2. 中短波发射台（中波单机功率 1kW$≤P＜20$kW，短波单机功率 50kW$≤P＜150$kW）工程； 3. 电视、调频发射塔（台）设备（中波单机功率 1kW$≤P＜10$kW，塔高＜200m）工程； 4. 广播电视传输网络工程；二级邮件处理中心工艺工程； 5. 电声设备、演播厅、录（播）音馆、摄影棚设备工程； 6. 广播电视卫星地球站、微波站设备工程； 7. 电信工程。

等级	工程特征
Ⅲ级	1. 广播电视中心设备（广播6套以上，电视7套以上）工程； 2. 中短波发射台设备（中波单机功率 $P \geqslant 20 \text{kW}$，短波单机功率 $P \geqslant 150 \text{kW}$）工程； 3. 电视、调频发射塔（台）设备（中波单机功率 $P \geqslant 10 \text{kW}$，塔高 $\geqslant 200 \text{m}$）工程； 4. 一级邮件处理中心工艺工程。

8 农业林业工程

8.1 农业林业工程范围

适用于农业、林业工程。

8.2 农业林业工程复杂程度

农业、林业工程复杂程度为Ⅱ级。

附表一

建设工程监理与相关服务的主要工作内容

服务阶段	主要工作内容	备注
勘察阶段	协助发包人编制勘察要求、选择勘察单位，核查勘察方案并监督实施和进行相应的控制，参与验收勘察成果。	建设工程勘察、设计、施工、保修等阶段监理与相关服务的具体工作内容执行国家、行业有关规范、规定。
设计阶段	协助发包人编制设计要求、选择设计单位，组织评选设计方案，对各设计单位进行协调管理，监督合同履行，审查设计进度计划并监督实施，核查设计大纲和设计深度、使用技术规范合理性，提出设计评估报告（包括各阶段设计的核查意见和优化建议），协助审核设计概算。	
施工阶段	施工过程中的质量、进度、费用控制，安全生产监督管理、合同、信息等方面的协调管理。	
保修阶段	检查和记录工程质量缺陷，对缺陷原因进行调查分析并确定责任归属，审核修复方案，监督修复过程并验收，审核修复费用。	

附表二

施工监理服务收费基价表

单位：万元

序　号	计　费　额	收费基价
1	500	16.5
2	1000	30.1
3	3000	78.1
4	5000	120.8
5	8000	181.0
6	10000	218.6
7	20000	393.4
8	40000	708.2
9	60000	991.4
10	80000	1255.8
11	100000	1507.0
12	200000	2712.5
13	400000	4882.6
14	600000	6835.6
15	800000	8658.4
16	1000000	10390.1

注：计费额大于1000000万元的，以计费额乘以1.039%的收费率计算收费基价。其他未包含的其收费由双方协商议定。

附表三

施工监理服务收费专业调整系数表

工程类型	专业调整系数
1. 矿山采选工程	
黑色、有色、黄金、化学、非金属及其他矿采选工程	0.9
选煤及其他煤炭工程	1.0
矿井工程、铀矿采选工程	1.1
2. 加工冶炼工程	
冶炼工程	0.9
船舶水工工程	1.0
各类加工工程	1.0
核加工工程	1.2
3. 石油化工工程	
石油工程	0.9
化工、石化、化纤、医药工程	1.0
核化工工程	1.2
4. 水利电力工程	
风力发电、其他水利工程	0.9
火电工程、送变电工程	1.0
核能、水电、水库工程	1.2
5. 交通运输工程	
机场场道、助航灯光工程	0.9
铁路、公路、城市道路、轻轨及机场空管工程	1.0
水运、地铁、桥梁、隧道、索道工程	1.1
6. 建筑市政工程	
园林绿化工程	0.8
建筑、人防、市政公用工程	1.0
邮电、电信、广播电视工程	1.0
7. 农业林业工程	
农业工程	0.9
林业工程	0.9

附表四

建设工程监理与相关服务人员
人工日费用标准

建设工程监理与相关服务人员职级	工日费用标准（元）
一、高级专家	1000～1200
二、高级专业技术职称的监理与相关服务人员	800～1000
三、中级专业技术职称的监理与相关服务人员	600～800
四、初级及以下专业技术职称监理与相关服务人员	300～600

注：本表适用于提供短期服务的人工费用标准。

国家发展改革委
关于降低部分建设项目收费标准规范收费行为等
有关问题的通知

（发改价格〔2011〕534号）

住房城乡建设部、环境保护部，各省、自治区、直辖市发展改革委、物价局：

为贯彻落实国务院领导重要批示和全国纠风工作会议精神，进一步优化企业发展环境，减轻企业和群众负担，决定适当降低部分建设项目收费标准，规范收费行为。现将有关事项通知如下：

一、降低保障性住房转让手续费，减免保障性住房租赁手续费。经批准设立的各房屋交易登记机构在办理房屋交易手续时，限价商品住房、棚户区改造安置住房等保障性住房转让手续费应在原国家计委、建设部《关于规范住房交易手续费有关问题的通知》（计价格〔2002〕121号）规定收费标准的基础上减半收取，即执行与经济适用住房相同的收费标准；因继承、遗赠、婚姻关系共有发生的住房转让免收住房转让手续费；依法进行的廉租住房、公共租赁住房等保障性住房租赁行为免收租赁手续费；住房抵押不得收取抵押手续费。

二、规范并降低施工图设计文件审查费。各地应加强施工图设计审查收费管理，经认定设立的施工图审查机构，承接房屋建筑、市政基础设施工程施工图审查业务收取施工图设计文件审查费，以工程勘察设计收费为基准计费的，其收费标准应不高于工程勘察设计收费标准的6.5%；以工程概（预）算投资额比率计费的，其收费标准应不高于工程概（预）算投资额的2‰；按照建筑面积计费的，其收费标准应不高于2元/平方米。具体收费标准由各省、自治区、直辖市价格主管部门结合当地实际情况，在不高于上述上限的范围内确定。各地现行收费标准低于收费上限的，一律不得提高标准。

三、降低部分行业建设项目环境影响咨询收费标准。各环境影响评价机构对估算投资额100亿元以下的农业、林业、渔业、水利、建材、市政（不含垃圾及危险废物集中处置）、房地产、仓储（涉及有毒、有害及危险品的除外）、烟草、邮电、广播电视、电子配件组装、社会事业与服务建设项目的环境影响评价（编制环境影响报告书、报告表）收费，应在原国家计委、国家环保总局《关于规范环境影响咨询收费有关问题的通知》（计价格〔2002〕125号）规定的收费标准基础上下调20%收取；上述行业以外的化工、冶金、有色等其他建设项目的环境影响评价收费维持现行标准不变。环境影响评价收费标准中不包括获取相关经济、社会、水文、气象、环境现状等基础数据的费用。

四、降低中标金额在5亿元以上招标代理服务收费标准，并设置收费上限。货物、服务、工程招标代理服务收费差额费率：中标金额在5～10亿元的为0.035%；10～50亿元的为0.008%；50～100亿元为0.006%；100亿元以上为0.004%。货物、服务、工程一次招标（完成一次招标投标全流程）代理服务费最高限额分别为350万元、300万元和450万元，并按各标段中标金额比例计算各标段招标代理服务费。

中标金额在5亿元以下的招标代理服务收费基准价仍按原国家计委《招标代理服务收费管理暂行办法》（〔2002〕1980号，以下简称《办法》）附件规定执行。按《办法》附件规定计算的收费额为招标代理服务全过程的收费基准价格，但不含工程量清单、工程标底或工程招标控制价的编制费用。

五、适当扩大工程勘察设计和工程监理收费的市场调节价范围。工程勘察和工程设计收费，总投资估算额在1000万元以下的建设项目实行市场调节价；1000万元及以上的建设项目实行政府指导价，收费标准仍按原国家计委、建设部《关于发布〈工程勘察设计收费管理规定〉的通知》（计价格〔2002〕10号）规定执行。

工程监理收费，对依法必须实行监理的计费额在1000万元及以上的建设工程施工阶段的收费实行政府指导价，收费标准按国家发展改革委、建设部《关于印发〈建设工程监理与相关服务收费管理规定〉的通知》（发改价格〔2007〕670号）规定执行；其他工程施工阶段的监理收费和其他阶段的监理与相关服务收费实行市场调节价。

六、各地应进一步加大对建设项目及各类涉项收费项目的清理规范力度。要严禁行政机关在履行行政职责过程中，擅自或变相收取相关审查费、服务费，对自愿或依法必须进行的技术服务，应由项目开发经营单位自主选择服务机构，相关机构不得利用行政权力强制或变相强制项目开发经营单位接受指定服务并强制收取费用。

本通知自2011年5月1日起执行。现行有关规定与本通知不符的，按本通知规定执行。

国家发展改革委

二〇一一年三月十六日

建设部
《关于落实建设工程安全生产监理责任的若干意见》

（建市〔2006〕248号）

各省、自治区建设厅，直辖市建委，山东、江苏省建管局，新疆生产建设兵团建设局，国务院有关部门，总后基建营房部工程管理局，国资委管理的有关企业，有关行业协会：

为了认真贯彻《建设工程安全生产管理条例》（以下简称《条例》），指导和督促工程监理单位（以下简称"监理单位"）落实安全生产监理责任，做好建设工程安全生产的监理工作（以下简称"安全监理"），切实加强建设工程安全生产管理，提出如下意见：

一、建设工程安全监理的主要工作内容

监理单位应当按照法律、法规和工程建设强制性标准及监理委托合同实施监理，对所监理工程的施工安全生产进行监督检查，具体内容包括：

（一）施工准备阶段安全监理的主要工作内容

1. 监理单位应根据《条例》的规定，按照工程建设强制性标准、《建设工程监理规范》（GB 50319）和相关行业监理规范的要求，编制包括安全监理内容的项目监理规划，明确安全监理的范围、内容、工作程序和制度措施，以及人员配备计划和职责等。

2. 对中型及以上项目和《条例》第二十六条规定的危险性较大的分部分项工程，监理单位应当编制监理实施细则。实施细则应当明确安全监理的方法、措施和控制要点，以及对施工单位安全技术措施的检查方案。

3. 审查施工单位编制的施工组织设计中的安全技术措施和危险性较大的分部分项工程安全专项施工方案是否符合工程建设强制性标准要求。审查的主要内容应当包括：

（1）施工单位编制的地下管线保护措施方案是否符合强制性标准要求；

（2）基坑支护与降水、土方开挖与边坡防护、模板、起重吊装、脚手架、拆除、爆破等分部分项工程的专项施工方案是否符合强制性标准要求；

（3）施工现场临时用电施工组织设计或者安全用电技术措施和电气防火措施是否符合强制性标准要求；

（4）冬季、雨季等季节性施工方案的制定是否符合强制性标准要求；

（5）施工总平面布置图是否符合安全生产的要求，办公、宿舍、食堂、道路等临时设施设置以及排水、防火措施是否符合强制性标准要求。

4. 检查施工单位在工程项目上的安全生产规章制度和安全监管机构的建立、健全及专职安全生产管理人员配备情况，督促施工单位检查各分包单位的安全生产规章制度的建立情况。

5. 审查施工单位资质和安全生产许可证是否合法有效。

6. 审查项目经理和专职安全生产管理人员是否具备合法资格，是否与投标文件相一致。

7. 审核特种作业人员的特种作业操作资格证书是否合法有效。

8. 审核施工单位应急救援预案和安全防护措施费用使用计划。

（二）施工阶段安全监理的主要工作内容

1. 监督施工单位按照施工组织设计中的安全技术措施和专项施工方案组织施工，及时制止违规施工作业。

2. 定期巡视检查施工过程中的危险性较大工程作业情况。

3. 核查施工现场施工起重机械、整体提升脚手架、模板等自升式架设设施和安全设施的验收手续。

4. 检查施工现场各种安全标志和安全防护措施是否符合强制性标准要求，并检查安全生产费用的使用情况。

5. 督促施工单位进行安全自查工作，并对施工单位自查情况进行抽查，参加建设单位组织的安全生产专项检查。

二、建设工程安全监理的工作程序

（一）监理单位按照《建设工程监理规范》和相关行业监理规范要求，编制含有安全监理内容的监理规划和监理实施细则。

（二）在施工准备阶段，监理单位审查核验施工单位提交的有关技术文件及资料，并由项目总监在有关技术文件报审表上签署意见；审查未通过的，安全技术措施及专项施工方案不得实施。

（三）在施工阶段，监理单位应对施工现场安全生产情况进行巡视检查，对发现的各类安全事故隐患，应书面通知施工单位，并督促其立即整改；情况严重的，监理单位应及时下达工程暂停令，要求施工单位停工整改，并同时报告建设单位。安全事故隐患消除后，监理单位应检查整改结果，签署复查或复工意见。施工单位拒不整改或不停工整改的，监理单位应当及时向工程所在地建设主管部门或工程项目的行业主管部门报告，以电话形式报告的，应当有通话记录，并及时补充书面报告。检查、整改、复查、报告等情况应记载在监理日志、监理月报中。

监理单位应核查施工单位提交的施工起重机械、整体提升脚手架、模板等自升式架设设施和安全设施等验收记录，并由安全监理人员签收备案。

（四）工程竣工后，监理单位应将有关安全生产的技术文件、验收记录、监理规划、监理实施细则、监理月报、监理会议纪要及相关书面通知等按规定立卷归档。

三、建设工程安全生产的监理责任

（一）监理单位应对施工组织设计中的安全技术措施或专项施工方案进行审查，未进行审查的，监理单位应承担《条例》第五十七条规定的法律责任。

施工组织设计中的安全技术措施或专项施工方案未经监理单位审查签字认可，施工单位擅自施工的，监理单位应及时下达工程暂停令，并将情况及时书面报告建设单位。监理单位未及时下达工程暂停令并报告的，应承担《条例》第五十七条规定的法律责任。

（二）监理单位在监理巡视检查过程中，发现存在安全事故隐患的，应按照有关规定及时下达书面指令要求施工单位进行整改或停止施工。监理单位发现安全事故隐患没有及时下达书面指令要求施工单位进行整改或停止施工的，应承担《条例》第五十七条规定的法律责任。

（三）施工单位拒绝按照监理单位的要求进行整改或者停止施工的，监理单位应及时将情况向当地建设主管部门或工程项目的行业主管部门报告。监理单位没有及时报告，应承担《条例》第五十七条规定的法律责任。

（四）监理单位未依照法律、法规和工程建设强制性标准实施监理的，应当承担《条例》第五十七条规定的法律责任。

监理单位履行了上述规定的职责，施工单位未执行监理指令继续施工或发生安全事故的，应依法追究监理单位以外的其他相关单位和人员的法律责任。

四、落实安全生产监理责任的主要工作

（一）健全监理单位安全监理责任制。监理单位法定代表人应对本企业监理工程项目的安全监理全面负责。总监理工程师要对工程项目的安全监理负责，并根据工程项目特点，明确监理人员的安全监理职责。

（二）完善监理单位安全生产管理制度。在健全审查核验制度、检查验收制度和督促整改制度基础上，完善工地例会制度及资料归档制度。定期召开工地例会，针对薄弱环节，提出整改意见，并督促落实；指定专人负责监理内业资料的整理、分类及立卷归档。

（三）建立监理人员安全生产教育培训制度。监理单位的总监理工程师和安全监理人员需经安全生产教育培训后方可上岗，其教育培训情况记入个人继续教育档案。

各级建设主管部门和有关主管部门应当加强建设工程安全生产管理工作的监督检查，督促监理单位落实安全生产监理责任，对监理单位实施安全监理给予支持和指导，共同督促施工单位加强安全生产管理，防止安全事故的发生。

中华人民共和国建设部
二〇〇六年十月十六日